第三の腦 :: 제3의 뇌 ——— 피부로 생각하는 생명과 마음의 세계

第3の腦

Daisan no nou by DENDA Mitsuhiro
Copyright © DENDA Mitsuhiro 2007
All rights reserved. Original Japanese edition published in 2007 by ASAHI SHUPPAN-SHA.
Korean translation rights arranged through IL BON CHULPAN JUNGBO SA, Seoul.

Fishbone Tactile Illusion
提供 : 東京大学 舘・川上硏究室
Copyright © Tachi Lab. 2005

이 책의 한국어판 저작권은 일본출판정보사를 통해 저작권자와 독점 계약한 열린과학에 있습니다. 신저작권법에 의해 한국 내에서 보호를 받는 저작물이므로 무단 전재와 무단 복제를 금합니다.

제3의 뇌

피부로 생각하는 생명과 마음의 세계

덴다 미쓰히로 지음 · 장연숙 옮김

열린과학

제3의 뇌
피부로 생각하는 생명과 마음의 세계

초판 1쇄 인쇄일 | 2009년 7월 7일
초판 1쇄 발행일 | 2009년 7월 26일

지은이 | 덴다 미쓰히로
옮긴이 | 장연숙
펴낸이 | 정갑수
펴낸곳 | 열린과학
편집인 | 정하선
디자인 | 디자인플랫
마케팅 | 김용구

등록 | 제300-2005-83호
주소 | 서울시 마포구 서교동 342-2번지 3층
전화 | 02-876-5789 팩스 | 02-876-5795
홈페이지 | www.openscience.co.kr

값 10,000원
ISBN 978-89-92985-13-0 03400

:: 차례

- 피부 구조와 표피 구조   8
- 머리말 피부에 얽힌 놀라운 이야기   10

제1장 피부는 또 다른 사고회로

- 피부란 무엇인가   15
- 방어 장치로서의 피부   16
- 방어 장치를 컨트롤하는 센서   21
- 감각 기관으로서의 피부   24
- 여자의 손끝은 까칠함을 싫어한다   30
- 촉각의 착각   34
- 색을 식별하는 피부   38

제2장 표피는 전기 시스템

- 뇌와 표피는 태생이 같다   47
- 느끼고 생각하는 피부   52
- 표피는 전기 시스템이다   57
- 표피 세포는 전자파를 방출한다   65
- 피부도 늙어간다   73
- 왜 가려울까   79

제3장 피부는 제3의 뇌

- 피부, 제3의 뇌를 선언하다   89
- 뇌 없는 개구리가 등을 긁다   95
- 자아를 형성하는 피부   97
- 온몸에 퍼져있는 뇌   101

제4장 피부의 초능력

- 동양의학을 다시 생각한다   107
- 피부과학에서 초능력을 떠올리다   117
- 눈 이외의 시각   122
- 감정(鑑定)의 본질   128
- 기란 무엇인가   133
- 텔레파시와 이심전심   137

제5장 피부가 만드는 사람의 마음

- 환경과 피부   145
- 아토피성 피부염   148
- 마음은 어디에 있을까   155
- 피부가 만드는 사람의 마음   159
- 마음과 피부   164
- 마음을 키우는 피부 감각   168

제6장 피부가 바라보는 세상

- 피부의 진화   175
- 인간은 왜 털이 없을까   177
- 벌거숭이의 의미   182
- 얼굴 피부   188
- 경계로서의 피부   194
- 비인과율의 세계를 나타내는 피부   199
- 피부가 바라보는 세상   208

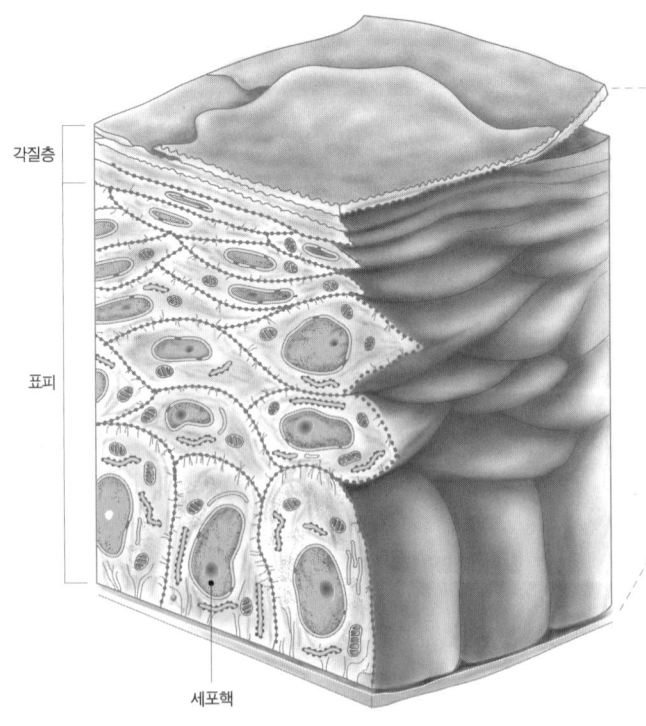

표피 구조

표피는 케라티노사이트라는 세포로 이루어져 있다. 표피의 가장 깊은 곳에서 생성, 분열된 케라티노사이트는 형태를 바꾸면서 표면을 향해 올라간다. 케라티노사이트가 세포 활동을 멈추면 쌓여서 각질층을 이룬다.

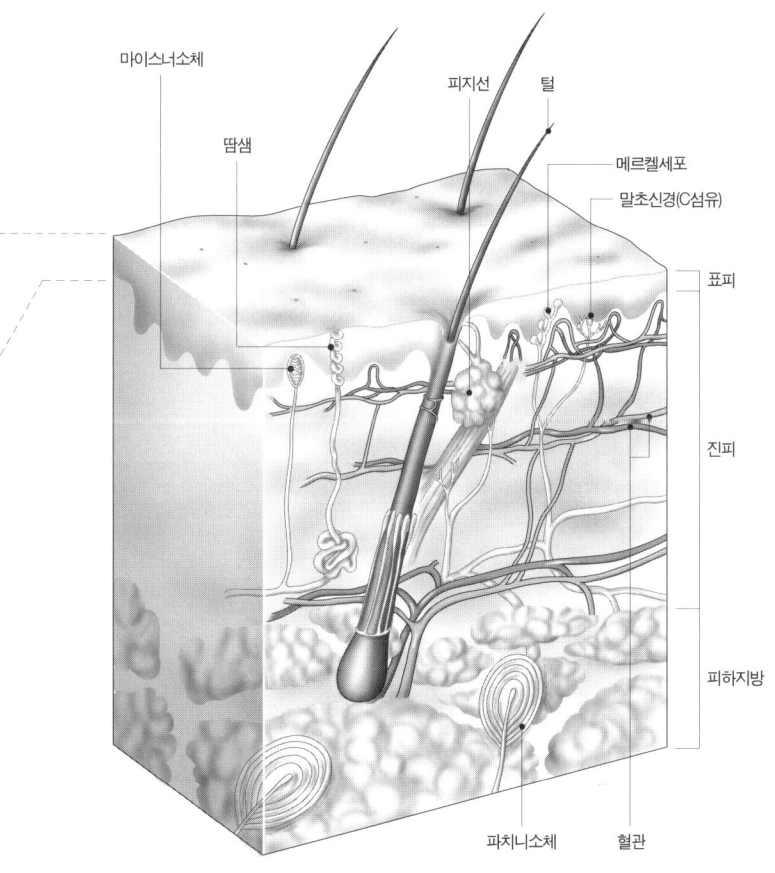

피부 구조

피부는 각질층, 표피, 진피, 그리고 피하지방으로 구성되어 있으며 표피의 두께는 0.06~0.2mm이다. 혈관은 표피 전까지 뻗어있으며, 최전방의 감각을 전달하는 말초신경은 표피 가운데 있다.

:: 머리말

피부에 얽힌 놀라운 이야기

피부는 신체를 감싸기 위해 존재한다. 우리는 모두 오랫동안 그렇게 믿어왔습니다. 하지만 20세기 말부터 피부의 다양한 능력이 밝혀지기 시작했습니다. 심장이나 폐는 우리 몸 안에서 활동하는 장기입니다. 신체를 살아있게 하기 위하여 혈액을 순환시키는 심장, 혈액에 산소를 공급하는 폐, 혈액 속의 찌꺼기를 없애는 신장 같은 내부기관은 모두 각자의 임무를 다함으로써 생명이 유지됩니다.

피부도 바깥에 있는 '장기(臟器)'입니다. 피부는 신체와 환경의 접점이므로 외부에서 오는 다양한 정보를 몸안으로 보내어 환경의 변화에 따라 신체가 잘 적응하도록 하는 역

:: 第三の腦

할을 합니다. 그런데 최근 피부에 대해 여러 가지 놀라운 발견들이 이어지고 있습니다.

먼저 피부는 색을 인식할 수 있습니다. 더욱 흥미로운 점은 좋아하는 색도 있고, 싫어하는 색도 있습니다. 피부는 전기를 축적하는 장치인 동시에 센서이기도 합니다. 피부 세포는 끊임없이 전자파를 방출합니다. 이따금씩 동료들과 전기 신호를 주고받는 게임을 하기도 합니다. 마치 세포가 혼자서 노래하는 것처럼 보일 때도 있고 가끔은 여럿이 합창하는 것처럼 보일 때도 있습니다.

손끝 피부는 100분의 1mm 정도의 차이도 식별할 수 있습니다. 일정한 패턴이 규칙적으로 정렬되어 있으면 기분이 좋지만, 패턴이 흩어져 있으면 기분이 나쁩니다. 이러한 패턴 식별에 대해서는 여자가 남자보다 민감합니다.

　이렇듯 새롭게 발견되는 피부의 놀라운 사실들을 알아가면서 피부에 대한 나의 인식이 변했습니다. 그래서 피부라는 장기를 통해 마음의 구조, 생명의 탄생, 인간이란 무엇인가 하는 철학적인 물음까지 생각하게 되었습니다.

　피부에 대한 새로운 연구 성과를 기초로 하여 나는 이 책에서 지금까지 과학의 범주에 포함되지 못했던 문제들을 생각해보았습니다. 우선 이미 알려진 피부의 구조와 기능을 비롯해서, 나를 포함한 다른 피부 과학자들이 속속 밝혀내고 있는 최첨단 지식까지 이야기하고자 합니다.

　피부에 대해서 어느 정도 알고 계시는 분은 순서에 관계없이 읽으셔도 좋습니다. 아니면 먼저 후반부의 이론을 읽은 다음, 앞으로 되돌아와서 과학적인 근거를 확인하며 읽으셔도 무방합니다.

　나는 이 책을 통해 피부가 가지고 있는 수많은 가능성을 보았습니다. 그 가능성들이 수많은 과학적 근거와 연구 결과에 바탕을 두고 있음을 덧붙이며 본론으로 들어가겠습니다.

덴다 미쓰히로

第三の腦 :: 제 1 장 —— 피부는 또 다른 사고회로

피부란 무엇인가

이 책에서 연구의 중심은 사람의 피부입니다. 성인의 피부는 1.6제곱미터의 면적으로 무게는 약 3킬로그램입니다. 무거운 것처럼 보이는 뇌가 약 1.4킬로그램, 간이 기껏해야 2킬로그램이므로 피부는 상당히 큰 장기입니다. 간은 반을 잘라내도 생명에는 별 지장이 없습니다. 그러나 화상으로 피부의 3분의 1 정도가 손상을 입으면 곧바로 죽음에 이르게 됩니다.

인간의 피부는 깊은 곳에서부터 순서대로 피하지방, 진피라고 부르는 쿠션조직, 케라티노사이트라고 불리는 세포가 빽빽이 겹쳐진 표피, 그리고 가장 바깥쪽에는 죽은 세포와 지질(유분)이 합쳐진 10~20마이크로미터(1마이크로미터 = 10^{-6}미터)의 막으로 된 각질층이 있습니다. 각질층은 피부에만 존재합니다. 점막이나 호흡기, 소화기 안쪽 표면도 비슷한 구조이지만, 각질층이 없다는 점에서 피부와 다릅니다.

오래된 각질층은 때가 되어 벗겨져서 떨어져나갑니다. 그리고 끊임없이 새로운 각질층이 생깁니다. 여기에는 아주 정교한 시스템이 숨겨져 있습니다. 표피의 가장 깊은 곳에서 분열된 세포는 점점 납작해지면서 표피층으로 이동합니다. 각질층 바로 앞에는, 나중에 각질층 지질로 변하는 라멜라 과립과 각질층의 수분 유지에 기여하는 케라토히아린 과립이 세포 속에 생깁니다. 케라토히아린 과립의 주성분은 단백질과 핵산입니다.

각질층 세포는 분열하고 나서 약 2주 안에 죽습니다. 이때 라멜라 과립에서 지질이 세포 밖으로 나와 죽은 세포 사이를 메우게 됩니다. 이렇게 해서 피부 표면인 각질층이 생기는 것입니다. 각질층은 마치 견고한 벽돌담과 같습니다. 죽은 세포가 벽돌이라면 그 사이를 지질로 채운 상태가 바로 각질층입니다.

죽은 세포들의 집합체는 항상 새롭게 만들어지고 유지되며, 이처럼 특이한 구조는 피부의 메커니즘을 해석하는데 중요한 열쇠가 됩니다.

| 방어장치로서의 피부 |

인간을 포함한 육상생물에서 피부에게 주어진 가장 중요한 과제는 몸 속에 있는 염분(생명이 바다에서 탄생한 흔적이라 생각됨)의 유출을 막는 것입니다. 체중이 60킬로그램인 인간의 체내에는 약 40리터의 물이 있습니다. 사람이 피부의 3분의

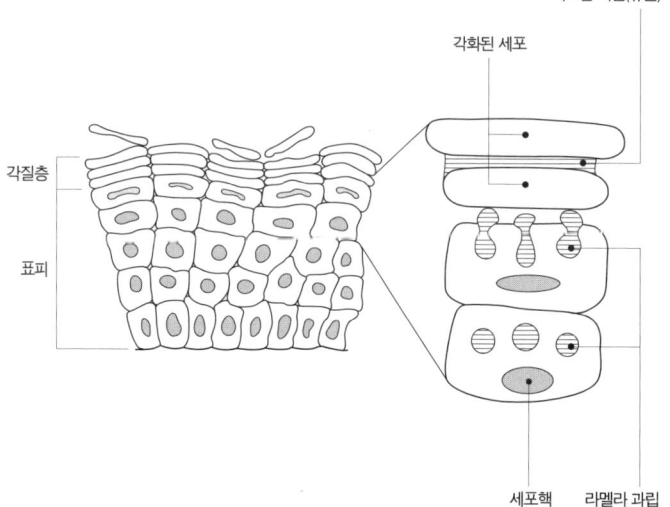

[그림 1] 각질층이 형성되는 과정

케라티노사이트라 불리는 표피 세포는 표피 속 깊은 곳에서 표면을 향하여 이동한다. 표피의 표면에 가까워질 무렵, 케라티노사이트 내부에 라멜라 과립이라는 지질(유분)을 포함한 알갱이 입자가 생긴다. 시간이 흐르면 표피의 가장 바깥층에서 케라티노사이트가 죽는다. 이때 라멜라 과립의 내용물인 지질이 세포 밖으로 나온다. 죽은 케라티노사이트가 굳어지면서, 그 사이를 지질이 채운다. 이렇게 해서 물을 통과시키지 않는 방어막 역할을 하는 각질층이 생긴다.

1을 잃으면 죽는 이유는 체액이 유출되어 생명의 기능을 유지할 수 없기 때문입니다. 피부에 있어 또 다른 중요한 역할은 외부로부터 세균과 같은 이물질의 침입을 막는 것입니다.

수분의 누출과 세균의 침입을 막는 물리적인 방벽은 가장 바깥의 표피에 있는 각질층입니다. 이러한 각질층의 정체는 죽은 세포와 지질의 퇴적물입니다. 피부가 훌륭한 방어막 기능을 하는 이유는 바로 이와 같은 특이한 구조에 있습니다. **수 십분의 1밀리미터 두께의 각질층은 같은 두께의 플라스틱 막처럼 물을 통과시키지 않습니다.**

또한 죽은 세포 속에는 케라틴이라는 단백질과 아미노산이 존재하여 어느 정도 수분을 함유하고 있습니다. 외부 환경이 건조해지면 우선 죽은 세포의 물이 증발합니다. 그래서 외부가 건조해지더라도 피부 내부에 영향을 미치는 것을 막아줍니다.

건조한 기후에 대한 완충 기능, 즉 외부의 변화가 피부 내부에 미치는 영향을 누그러뜨리는 역할을 하는 것이 각질층입니다. 스킨케어에서 자주 쓰이는 '피부의 촉촉함'이라는 표현은 바로 이것을 두고 한 말입니다. 각질층 속의 수분을 잃어버리면 피부의 살결이 거칠어지기 때문입니다.

각질층의 방어막 효과는 어떠한 상태에서도 계속 유지됩

니다. 셀로판테이프로 각질층을 벗기거나 유기물 또는 비누로 지질을 제거하여 방어막 기능을 파괴해도 라멜라 과립이 계속 분비되어 방어막 기능이 신속하게 복원됩니다. 이것이 바로 체내 수분의 유출을 막고, 이물질의 침입을 물리적으로 방어하는 각질층의 원리입니다.

이제 우리를 지키는 피부의 두 번째 기능인 방어 장치에 대해 설명하겠습니다. 그것은 바로 면역 기능입니다. 면역 기능이란 밖에서 쳐들어오는 세균 같은 이물질로부터 신체를 보호하는 것으로, 이물질을 식별해서 집중적으로 물리치는 시스템입니다.

피부의 면역 기능을 위해 가장 최전선에 있는 것이 표피 속에 점점이 흩어져 있는 랑게르한스 세포입니다. 이것은 일종의 경보 시스템입니다. 각질층이 파괴되어 세균 같은 이물질이 침입하면, 이물질을 인식해서 신체에 정보를 전달하고 이물질만 선택적으로 공격하는 시스템을 작동시킵니다.

이러한 면역 시스템은 각질층이 물리적으로 이물질을 차단하는 기능과 더불어 상호보완적인 관계를 가지고 있습니다. 물리적 방어막이 무너지면 랑게르한스 세포가 증가하는 한편, 물리적 방어막이 형성되면 랑게르한스 세포의 수도 원래대로 감소합니다. 다시 말해 첫 번째 방어 시스템인 물리적 방어막이 파괴되어 세균의 침입이 쉬워질 때 면역 기능이 강화되는 것입니다.

표피의 면역 기능은 이게 전부가 아닙니다. 1997년에 병원균을 인식하여 일련의 면역 시스템을 작동시키는 T011형 수용체라는 단백질이 연구되었습니다. 그동안 초파리에서만 발견되었는데, 이 수용체가 포유류에서도 존재했던 것입니다.

21세기 들어서는 표피에서도 T011형 수용체가 발견되었습니다. 세균이 침입하여 이 수용체가 활성화되면 면역세포를 만드는 사이토카인이 분비되면서 면역세포가 증가하게 됩니다. 표피에 존재하는 랑게르한스 세포가 강력한 면역 시스템을 갖고 있었는데, 알고 보니 **표피를 구성하는 케라티노사이트 자체가 면역 시스템의 최전방**이었던 것입니다.

또한 면역 반응을 조절하는 T세포가 있습니다. T세포는 Th1과 Th2의 두 종류로 나뉩니다. Th1은 침입자를 죽이는 세포를 활성화시키고, Th2는 항체단백질을 증가시킵니다. 면역 체계에서 각자 중요한 역할을 하고 있지만, 특히 피부의 알레르기 반응은 항체단백질, 그중에서도 IgE가 지나치게 많아져 꽃가루 같은 외부 물질에 필요 이상으로 반응한 결과 나타나는 현상입니다. 따라서 오사카대학의 아키라 시즈오(審良靜男) 박사는 T011형 수용체가 Th1 유도를 함께 일으키므로 알레르기 반응을 제어하는데도 도움이 될 것으로 생각하고 있습니다. 하지만 현대 사회에서는 다양한 알레르기 계통의 질환이 계속 증가하고 있는데 반해, 아직 결정적인 치료법은 존재하지 않습니다.

20세기가 거의 끝나갈 무렵, 독일 킬대학의 연구원이 또 다른 방어 시스템을 발견했습니다(J. Harder, 1997년). 항균펩티드라는 일종의 살균제로서 이것 또한 표피에서 만들어집니다.

물리적 방어막이 파괴되면 각질층이 거칠어지는 건선이라는 피부병을 알고 있습니까? 이 병에 감염된 환자들로부터 각질층을 조사해보니, 세균을 죽이는 작용이 있었습니다. 각질층의 물리적 방어막이 건선이라는 병에 의해 파괴되었으므로 케라티노사이트가 이를 보완하는 살균제를 만든 것입니다. 항균펩티드 연구는 이후에도 계속 진전되어 벌써 10여 종류나 발견되었습니다.

| 방어 장치를 컨트롤하는 센서 |

외부로부터의 이물질을 제거하는 피부의 방어 기능을 정리해봅시다. 먼저 이물질이 안으로 들어오지 못하게 하는 튼튼한 벽이 있는데, 이것이 바로 각질층의 방어막 시스템입니다. 다음은 이물질을 식별하고 그것을 집중적으로 공격하는 면역 시스템이 있습니다. 그리고 살균제 작용을 하는 항균펩티드까지 만듭니다. 이 세 가지 기능은 서로 상호보완 관계에 있습니다.

각질층의 방어막이 파괴되면 랑게르한스 세포와 항균펩티드가 늘어납니다. 그러나 각질층이 파괴된 후 물을 통과시키지 않는 막으로 피부를 덮으면, '가짜 방어막' 효과 때문에 물리적 방어막이 회복되지 않습니다.

또한 랑게르한스 세포나 항균펩티드 합성이 전혀 증가하지 않습니다. 가짜 방어막에 완전히 속아서 각질층이 파괴된 것을 알아차리지 못한다는 이야기입니다. 더욱 재미있는 것은 수증기를 통과시키는 고어텍스로 덮은 경우에는 이에 속지 않고 물리적 방어막이 회복된다는 점입니다.

피부의 세 가지 방어 기능은 항상 각질층의 방어막 상태를 모니터하면서 기능을 조절합니다. 방어막이 붕괴되면 방어막 회복, 면역기능 강화, 항균펩티드 증가가 일어나면서 실로 엄청난 태세를 갖춥니다. 그리고 방어막이 제대로 작동하면 안심하고 다시 평소 상태로 되돌아갑니다.

각질층의 상태는 피부에 있는 수분의 함유량에 따라 결정

됩니다. 피부 표면의 습도를 검사하여 방어막 상태를 파악하고 그에 대응하여 피부의 방어 기능을 조절하는 것입니다. 이때 방어막 기능을 제어하는 습도 센서가 무엇인지 알아내는 것은 중요한 과제입니다. 습도 센서는 피부에서 세 가지 방어 기능을 제대로 작동시키기 위해 필요한 가장 중요한 부품입니다.

나는 그 해답 역할을 하는 분자를 최근에 발견했습니다. 뒤에 상세히 설명하겠지만, TRP라는 분자가 있습니다. 이러한 TRP 분자의 일종인 TRPV4 분자가 습도 센서의 역할을 담당하는 것입니다.

TRPV4 분자는 인간의 피부와 가장 가까운 온도(33~36도)를 감지하는 센서인데, 표피를 형성하는 세포인 케라티노사이트에도 존재합니다. TRPV4 분자는 삼투압에 의해 작동합니다. 여기서 삼투압이란 농도가 짙은 소금물과 순수한 물 사이에 반투명 막을 끼우면 물만 투과시키면서 생기는 압력을 말합니다.

피부가 건조하면 표피 세포 주변도 건조하여 세포 주변 체액의 농도가 높아집니다. 그러면 세포막 안팎의 삼투압도 그에 따라 변하게 됩니다. 이런 점에서 볼 때 나는 TRPV4가 세 가지 종류의 방어막을 컨트롤하기 위한 센서, 다시 말해 환경 습도의 변화나 각질층의 상태 변화를 감지하는 습도 센서일 가능성이 높다고 생각한 것입니다.

나의 직감은 맞아떨어졌습니다. TRPV4가 확실하게 작동하는 온도인 36도 이상으로 피부의 표면 온도를 높이거나, 피부에 TRPV4를 작동시키는 화학물질을 발랐더니 방어막이 빠르게 회복된 것입니다. 반대로 TRPV4를 방해하는 물질을 사용하여 피부의 온도 변화에 둔하게 반응시키는 것도 가능합니다.

케라티노사이트 세포는 면역 시스템의 센서이자 환경인자 센서의 역할을 담당합니다. 이렇게 많은 기능을 가진 케라티노사이트는 죽은 후에도 그 역할을 다합니다. 표피의 가장 바깥에 속하는 방어막(=각질층)을 형성하여 임무를 다하고 때가 되면 미련 없이 떨어져 나가는 것입니다.

| 감각 기관으로서의 피부 |

피부의 감각은 다양합니다. 가볍게 스쳤을 때, 강하게 눌렀을 때, 꼬집었을 때, 각기 다른 자극을 받습니다. 물론 온도의 차이도 느낍니다. 뜨거운 것과 차가운 것이 너무 극단적이면 아픔을 느끼게 됩니다.

20세기 말까지 이런 다양한 자극은 각자 다른 시스템에 의해 작동되는 것으로 생각했습니다. 바로 얼마 전까지도 피부 감각을 담당하는 것은 당연히 신경일 것이라고 받아들여졌습니다.

해부학적으로 압력에 의해 눌리거나 접촉할 때 느껴지는 감각을 이야기하겠습니다. 메르켈세포(표피 심층에 존재)나 마이스너소체(진피 상층에 존재)라는 말초신경의 압력 센서가 표피 밑에서부터 진피에 걸쳐 있습니다. 그리고 진동 센서의 역할을 하는 파치니소체가 피부 깊은 곳에 존재합니다. 말초신경섬유인 c섬유는 표피에까지 분포되어 있습니다. 피부에 압력이나 진동을 가하면, 이들 센서가 전기 신호를 방출하여 신경에 전달하는 것입니다.

통증에도 여러 가지가 있습니다. 피부 속 깊은 부위까지 상처가 나면, 신경섬유에서 전기적인 변화가 일어나 신호가 전달됩니다. 피부 표면의 감각 포인트로 압력에 의해 눌리는 감각을 느끼는 압점, 찌르는 듯한 통증을 느끼는 통점이 있습니다. 이 작은 점들은 모두 독립적으로 감각을 느낍니다. 하지만 압점과 통점이 각각 어느 신경센서와 대응하는지는 아직까지 밝혀지지 않았습니다.

압점과 통점은 촘촘하지 않고 드물게 분포되어 있습니다.

이들은 밀리미터 단위의 간격으로 분포되어 있는데, 피부 감각이 예민한 사람들은 이보다 훨씬 작은 마이크로미터(1000분의 1밀리미터) 단위의 상처나 변화를 인식할 수 있습니다. 전문가가 아닌 일반인도 유리판 위에 있는 지름 수십 마이크로미터의 머리카락을 느낄 수 있습니다.

이처럼 센서의 분포가 성긴데도 불구하고 왜 그보다 훨씬 작은 단위까지 느낄 수 있을까요? 온도나 화학적인 자극은 표피 속까지 뻗어있는 말초신경인 c섬유라는 신경말단이 인식합니다. c섬유가 인식한 신호는 척수로 전달됩니다. c섬유는 물리적, 화학적 인자도 함께 인식할 수 있으므로 폴리모달 신경이라고도 합니다. 여기서 폴리(poly)는 '다수의', 모달(modal)은 '감각 형성'이라는 의미를 가지고 있습니다.

이 메커니즘은 오랫동안 드러나지 않다가, 20세기 말이 되서야 최초로 폴리모달 수용분자가 발견되었습니다. 이것이 바로 다른 여러 가지 자극에서 작동하고 신경세포에 전기 신호를 발생시키는 단백질인 TRP 분자입니다. 그 중에서 TRPV4는 피부의 세 가지 방어 장치를 컨트롤하고 각질층의 상태를 체크하는 센서입니다.

가장 처음 발견되어 TRPV1이라고 명명된 단백질은 피부의 자극을 전기 신호로 변환합니다. 43도 이상의 열, 산성,

그리고 고추의 매운맛 성분인 캡사이신처럼 적어도 세 종류 이상의 다른 인자를 인식하여 신경을 흥분시킵니다. 이와 같은 화학적 자극은 c섬유가 인식하며, c섬유에 TRPV1이 분포되어 있다는 것이 가장 먼저 확인되었습니다.

피부의 감각 체계를 처음으로 분자생물학 차원에서 관찰할 수 있게 된 것입니다. 이를 계기로 다양한 온도나 화학 물질, 물리 자극으로 작동하는 TRP가 계속해서 발견되었으며, 앞으로도 새로운 수용체가 발견될 가능성이 남아 있습니다.

21세기로 바뀔 때쯤, 우리는 커다란 발견을 하는 행운을 잡았습니다. 20세기말에 발견된 TRPV1이 신경뿐만 아니라 표피를 형성하는 세포인 케라티노사이트, 즉 죽어서 각질층이 되었다가 때가 되어 떨어져나가는 세포에도 존재하고 있었던 것입니다.

이를 시작으로 해서 케라티노사이트에서 TRPV4와 TRPV3이라고 하는 압력과 온도를 함께 느끼는 수용체가 속속 발견되었습니다. 그리고 동료인 이노우에 가오리(井上 가오리) 박사와 나는 케라티노사이트에서 염증이 생겼을 때의 통증과 관계된 P2X3라는 수용체도 발견했습니다.

이것은 피부 감각의 최전선이 말초신경(c섬유)이라고 단언

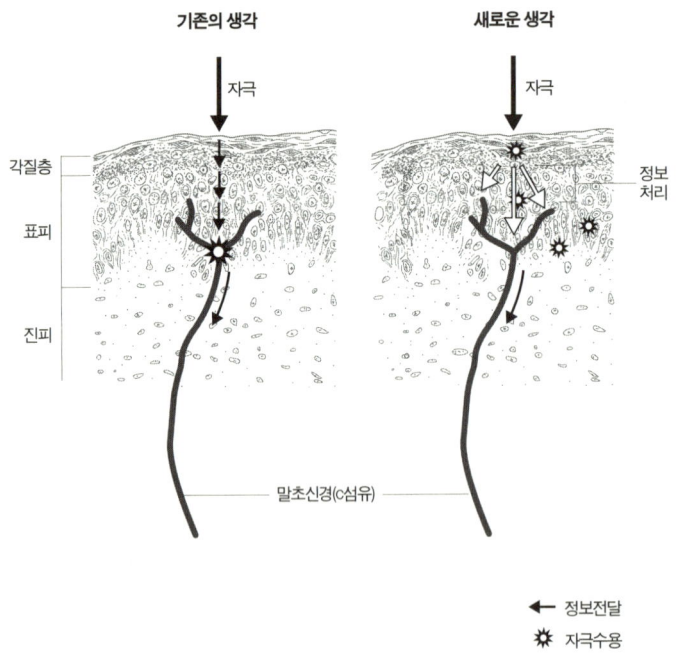

[그림 2] 표피가 감각을 잡아낸다

일반적으로 표피에 존재하는 신경이 피부 표면의 온도, 접촉, 건조 등 외부로부터의 자극을 수용하여 정보를 전달하는 것으로 알려져 왔다. 하지만 표피를 형성하는 세포인 케라티노사이트가 외부로부터의 자극을 인식하여 그 정보를 신경에 전달한다는 것으로 밝혀졌다. 표피 세포가 감각을 수용하는 동시에 정보를 처리하고 신호를 방출하는 것이다.

할 수 없으며, **표피 자체가 센서이며 표피야말로 피부 감각의 최전선**이라는 것을 의미합니다. 케라티노사이트에 존재하는 것으로 알려진 TRPV1, TRPV3, TRPV4는 각각 인간의 피부에 가까운 온도(33~43도)를 느끼는 센서입니다. 그리고 TRPV3은 온도 이외에 압력 센서의 기능도 하며, TRPV4 역시 습도 외에 압력 센서이기도 합니다. 이것은 압력, 즉 촉각에도 표피 세포인 케라티노사이트가 기여한다는 것을 보여주고 있습니다.

이제 20세기에는 수수께끼였던 사실, 즉 표피에는 신경조직이 띄엄띄엄 있는데 어떻게 마이크로미터 단위의 형태를 인식할 수 있는지에 대한 해답이 나왔습니다. 압력 센서 역할을 담당하는 표피 세포가 마이크로미터 간격으로 온몸을 덮고 있기 때문입니다.

또한 케라티노사이트는 때가 되어 없어지는 세포이므로 항상 새롭게 재생됩니다. 다시 말해 센서는 언제나 신상품이라는 이야기입니다. 표피 세포의 재생은 피부의 감수성을 항상 예민하게 유지하는데 크게 공헌하고 있습니다.

| 여자의 손끝은 까칠함을 싫어한다 |

 피부 감각에 대한 연구는 다양하게 이루어지고 있지만, 일상생활과는 동떨어진 느낌이 있습니다. 그런데 화장품회사의 연구소에 근무하는 이점으로, 대학이나 공공연구기관에 근무했다면 만나지 못했을 행운과 마주하는 기회가 있습니다. 화장품회사에서 하는 연구는 실생활에의 공헌이 목적이기 때문입니다.

 더욱 좋은 린스 제품을 개발하기 위해 모발의 감촉을 연구하는 가와소에(川副知行) 주임연구원이 어느 날 신기한 플라스틱판을 가지고 나타났습니다. 그는 이른바 수분이 통과하지 못하는 상피 세포인 큐티클이 있는 머리카락과 큐티클이 손상된 너덜너덜한 머리카락의 감촉을 조사하기 위해 가벼운 플라스틱판 표면에 10마이크로미터의 홈을 규칙적으로 만들고 10~30, 50 마이크로미터의 홈을 불규칙하게 새긴 판을 만들었습니다. 전자는 큐티클이 갖추어진 건강한 모발, 후자는 자외선이나 잦은 파마로 손상된 모발의 모델입니다.

 그냥 보기에는 별다른 차이가 없어 보였지만, 가와소에의 재촉으로 한 번 만져보고 깜짝 놀랐습니다. 홈이 규칙적으로 파인 판을 만졌을 때 아무런 느낌이 없었습니다. 그런데 홈이 불규칙한 판을 만져보자마자 나도 모르게 손을 움츠리고 말았습니다. 느낌 그대로 강렬한 불쾌감이었습니다. 촉각을 말로 표현하기는 매우 어렵지만, 굳이 표현하자면 칠판이나 유리에 손톱을 세워 긁었을 때의 소름끼치는 느낌이었습니다.

나는 가와소에의 플라스틱판에 흥미가 생겼습니다. 그 판면에는 피부 감각, 즉 마이크로미터의 촉각 인식과 관계된 힌트가 숨겨져 있다고 생각한 것입니다.

나는 마이크로미터 단위의 규칙적인 홈을 이용하여 새로운 판을 만들었습니다. 깊이 1마이크로미터, 폭 10마이크로미터의 홈을 규칙적으로 새긴 판, 깊이 3마이크로미터, 폭 30마이크로미터의 홈을 규칙적으로 새긴 판, 그리고 이 두 가지 홈을 불규칙하게 만든 판을 포함해서 세 가지 판을 만들었습니다.

완성된 판들을 만져보자 불규칙하게 홈이 있는 판은 약간 불쾌하게 느껴졌습니다. 그리고 연구소를 돌아다니며 사람들에게 만져봐 달라고 부탁했습니다. 연령층이 동일한 여자 10명과 남자 10명을 대상으로 실험을 했습니다.

그 결과 여자 10명은 모두 불규칙하게 홈이 파여진 판에 대해 불쾌하다고 인식했습니다. 하지만 남자 10명 중에 불규칙한 홈이 파인 판을 불쾌하다고 느낀 사람은 4명뿐이었습니다. 나머지 6명은 대답이 엇갈렸습니다. 그래서 나는 여자의 손끝이 불규칙한 패턴을 예민하게 인식한다는 결론을 내렸습니다.

사실 이러한 현상을 해석한다는 것은 매우 어렵습니다. 고려해야할 인자가 너무 많이 포함되어 있기 때문입니다. 피부 감각에 대한 연구 분야에서는 이러한 촉각, 즉 피험자가 적극적으로 물건을 만지고 느끼는 감각을 '액티브 터치(active touch)'라고 하는데, 해석이 곤란하기 때문에 거의 연구를 하지 않습니다.

손가락으로 물건을 만지고 좋거나 나쁘다는 것을 판단하기에는 너무 많은 인자들이 존재합니다. 손가락 끝 각질층의 단단함, 손가락 자체의 단단함, 손가락의 굵기, 손가락 끝의 신경분포, 신경에 존재하는 압력수용체의 개수, 그리고 이러한 요소들이 합쳐져서 얻은 정보를 좋거나 나쁘다고 판단하는 뇌를 비롯해 모든 것들을 검증해야 하기 때문입니다.

피부 감각의 연령차에 대해서는 몇 가지 연구가 있습니다. 사람은 50세를 전후하여 자극에 대해 점차 둔해지기 시작한다고 합니다. 성차에 있어서도 여자가 아픔에 다소 민감하다는 연구가 몇 건 있습니다. 그러나 마이크로미터 수준의 패턴에 대한 규칙성과 불규칙성을 인식하는 연구에 대해서는 전례가 없었습니다.

손가락 끝으로 인식할 수 있는 섬세한 감각에 대해서는 몇 개의 연구가 있습니다. 흥미로운 것은 수리공학적인 이론이 많다는 점입니다. 특히 지문의 역할이 중요하다고 역설하는 이론들이 대부분입니다. 지문 밑에는 감각기인 메르켈세포, 마이너스소체가 많이 분포되어 있기 때문입니다.

예를 들어 마에노 다카시(前野隆司) 박사는 손가락 감각이 예민한 것은 지문 때문이라고 주장합니다. 손가락에는 지문이 있고, 표피와 진피 사이에 유두라고 하는 요철(凹凸)이 있습니다. 마에노 박사는 이러한 구조를 가진 손가락이 미세하게 오톨도톨한 표면을 쓰다듬을 때 손가락 내부에 미치는 힘을 해석했습니다(일본기계학회, 2005년). 지문과 유두에 힘이 섬세하게 전해져서 진피에 있는 신경기관인 마이너스소체와 메르켈세포의 감도가 높아지고, 결과적으로 미세한 요철까지 찾아낸다는 것입니다.

그래서 나도 손가락에 니트로셀룰로오스(콜로디온) 막을 발라 지문을 없앤 상태에서 다시 실험해보았습니다. 그런데 첫 번째 실험을 했던 여자 10명 가운데 9명 역시 불규칙한 판에 대해 불쾌하다고 인식했습니다. 결국 지문이 없어도 식별할 수 있었기 때문에 매우 미세한 조직의 쾌감을 느끼는 지문 이론은 근거가 없는 것으로 밝혀졌습니다. 마에노 박사의 연구는 다른 피부 감각(까칠까칠한 느낌, 매끈매끈한 느낌)의 경우에는 성립할지 모르겠지만, 우리가 행한 실험 결과와는 다르게 해석됩니다. 따라서 기존의 생리학에서 주장해 온 신경세포의 감각기가 피부 감각을 담당한다는 것은 근거가 희박하다고 생각됩니다.

표피 세포인 케라티노사이트 하나하나가 바로 센서라는 가설에 의하면, 피부 감각이 느끼는 최소의 크기가 마이크로미터 단위라는 것도 간단하게 설명됩니다. 이러한 일련의 실험은 피부 감각의 연구에 새로운 방향을 제시할 것입니다.

| 촉 각 의 착 각 |

눈의 착각 현상은 유명합니다. 같은 길이의 화살표가 다른 길이로 보이거나 평행선이 휘어져 보이거나 하는 착시 현상은 실험심리학 분야에서 많은 연구가 이루어지고 있습니다. 그런데 촉각, 또는 피부 감각에도 이러한 착각이 있다는 것을 알고 있습니까? 나도 바로 얼마 전 한 젊은 연구자에

게서 배웠습니다.

2006년 5월, 미국 필라델피아에서 개최된 국제피부과학회에서 나를 만나고 싶다는 청년이 찾아왔습니다. 나카타니 마사시(仲谷正史)라고 자신을 소개한 그 청년은 당시 하버드 대학에 유학중이었는데 나의 책 『피부는 생각한다』를 읽고 흥미가 생겼다고 합니다. 그래서 보여주고 싶은 것이 있다며 연락한 것입니다.

그는 만나자마자 나에게 명함을 주었습니다. 명함의 아랫부분에는 물고기 뼈를 원형으로 만든 패턴이 인쇄되어 있었습니다. 그는 "그 부분을 손가락으로 쓰다듬어 보세요." 라고 말했습니다. 나는 등뼈 부분을 따라 손끝을 움직였습니다. 그러자 등뼈가 오목하게 패어 있다는 느낌을 받았습니다. 이 책의 표지에 똑같은 패턴이 인쇄되어 있으니 여러분도 한번 만져보시기 바랍니다.

"이게 어떻단 말입니까?" 이상하게 생각하여 물었습니다. 나카타니는 싱긋 웃으며, "등뼈 부분이 오목하게 느껴지지 않습니까?" 하고 말했습니다. "네, 확실히 그렇게 느꼈습니다."

"그런데 실은 오목하지 않습니다. 그 모양은 전부 같은 두께로 인쇄되어 있거든요. 사람은 부드러운 면과 거친 면이 나란히 있는 곳을 만지면 부드러운 면이 움푹 패어있다고 느낍니다." 라고 설명했습니다.

그리고 가방에서 잇달아 다양한 모양을 새긴 판을 꺼내어 하나씩 만져보게 했습니다. 그가 말한 것은 사실이었습니다. 쓰다듬는 방향을 바꾸면 패어있는 느낌이 없어지기도 했습니다. 나도 모르게 손가락 끝을 바라보며 촉각이란 것도 믿을 수가 없다는 사실에 놀라면서 깊은 감명을 받았습니다.

나카타니는 그 외에도 여러 가지 실험 장치를 가방 안에 가득 넣어 왔습니다. 캐러멜 정도의 크기로 여러 개의 금속 핀이 위아래로 오르내리는 물건의 표면에 대해 해상도를 바꾸어가며 인식하는 장치가 있었습니다. 그것을 손가락에 끼우고 물건을 만지면 직접 만지는 것과는 완전히 다른 촉감을 느낍니다. 오히려 형태를 더욱 정확히 인식할 수 있는 경우도 있었습니다.

촉각은 말로 설명하기 어렵습니다. 백문이 불여일견이 아니라, 나카타니의 연구 성과는 직접 만져보지 않으면 그 위대함을 알 수 없습니다. 나카타니의 연구와 더불어 앞서 설명한 가와소에 연구원의 발견을 다시 떠올려보기 바랍니다. 피부에는 확실히 독자적인 정보처리 시스템이 있다는 것을 알겠지요? 앞서 말한 마에노 다카시 박사 외에 시노다 히로유키(篠田裕之) 박사도 〈피부의 역학적 구조에 숨어 있는 지능〉이라는 논문을 썼습니다. 재미있는 것은 두 사람 모두 기계공학과 시스템 정보학의 전문가입니다. 그러고 보니 나카타니씨도 정보공학에 관한 연구를 하고 있습니다.

피부 감각의 연구자가 생물학이 아닌 공학 쪽에 많은 까닭은 피부 감각이 현대 생물학에서는 다루기 어려운 과제이기 때문입니다. 앞서 말했듯이 고려해야 할 요소들이 너무 많은 것이지요. 연구비를 얻기 위해서는 그에 걸 맞는 성과를 내야만 합니다. 그렇기 때문에 다루기 어려운 연구 주제는 선택하지 않는 경향이 있습니다. 그런 면에서 공학적인 기법은 시뮬레이션을 이용하여 환원주의적인 미로를 피할 수 있다는 강점이 있습니다. 무엇보다도 물건을 만들어 평가할 수 있는 것도 공학의 이점이겠지요. 나카타니 마사시가 귀국한 후에도 함께 연구를 계속하여 그전에는 몰랐던 수많은 촉각 현상들을 연구했습니다.

그리고 새삼스럽게 놀란 점은 촉각 또는 피부 감각을 다루는 교과서와 개론서가 너무 적다는 것이었습니다. 훌륭한 텍스트가 있기는 하지만, 손가락으로 꼽을 정도입니다. 피부의 문화인류학에 관한 책도 있지만, 과학적인 정량 평가에는 미치지 못합니다.

나의 연구는 이러한 상황을 더욱 혼란시키는 것일지도 모릅니다. 촉각의 입력점은 진피의 신경수용기라는 종래의 이론과는 달리 그 위에 있는 표피가 자극을 인식한다고 주장했기 때문입니다. 즉 표피를 구성하는 세포 하나하나가 감각수용기라고 주장했기 때문입니다. 이 새로운 개념과 복잡하기 짝이 없는 피부 감각을 둘러싼 문제를 해결하려면 비선형과학이나 정보공학 등 다양한 분야의 연구를 통한 교류가 필요할 것입니다.

색을 식별하는 피부

최근 피부 감각에 대해 몇 가지 흥미로운 현상을 발견했습니다. 피부는 우리가 감각으로 인식하는 접촉, 온도, 압력만을 느끼는 것이 아닙니다. 피부는 이전에 미처 생각지도 못했던 감각을 느끼고 있었습니다.

피부가 빛을 느낀다는 것은 말할 필요도 없습니다. 여름의 뜨거운 태양광선을 받으면 피부는 햇볕에 그을립니다. 태양광선 속의 자외선과 표피 아래의 멜라노사이트세포가 반응하여 멜라닌이라는 검은 물질이 생기기 때문입니다.

햇볕에 그을려서 피부가 아프고 껍질이 벗겨지기도 합니다. 그 이유는 케라티노사이트 역시 자외선을 받아 염증을 일으키는 물질인 사이토카인을 만들어내는데, 심한 경우 가벼운 화상에 의해 표피가 죽으면서 새로운 표피로 바뀌어버립니다.

자외선의 위험성은 널리 알려져 있습니다. 자외선은 강한 에너지를 가지고 있기 때문에 선글라스로 눈을 보호하거나 빌딩, 자동차 창문에 특수필름을 이용하여 자외선을 차단합니다.

인간의 눈에 보이는 빛은 무지개 일곱 빛깔이라고 하듯 빨강에서 초록, 파랑, 보라까지 다양한 파장의 색들이 섞여 있습니다. 빨강으로 갈수록 파장이 길고, 보라로 갈수록 파장이 짧습니다. 보라보다 짧은 빛이 바로 자외선입니다. 자외선의 파장은 400나노미터(1나노미터=10억분의 1미터)정도이며, 빨강보다 파장이 긴 빛은 적외선(750나노미터 이상)입니다.

색의 삼원색은 빨강, 노랑, 파랑인데 비해 빛(가시광선)의 삼원색은 빨강, 초록, 파랑입니다. 이것을 파장으로 나타내면, 빨강은 750에서 620나노미터, 초록은 570에서 500나노미터, 파랑은 470에서 450나노미터에 해당됩니다.

삼원색의 빛이 모두 겹치면 하얀 빛이 됩니다. 색을 식별하는 인간의 망막에는 빨강, 초록, 파랑을 감지하는 세포가 섞여 있어서, 여러 가지 색을 각각의 세포가 응답하는 비율에 따라 색을 식별합니다. 최근 자주 보이는 LED(발광 다이오드)의 거대한 스크린도 빨강, 초록, 파랑 LED의 조합으로 모든 색을 표현하고 있습니다.

일반적으로 피부는 자외선을 느끼지만, 그보다 파장이 긴 눈에 보이는 빛(가시광선)의 영향은 받지 않는다는 것이 상식이었습니다. 그런데 최근에 이러한 상식을 깨뜨리는 발견이 있었습니다.

피부의 각질층에 셀로판테이프를 붙였다가 떼어내면 피부의 방어막이 파괴됩니다. 여기에 빛의 삼원색인 빨강 초록, 파랑의 LED를 쪼였습니다. 빨간 빛을 받은 방어막은 회복이 빨라졌지만, 초록은 변화가 없었습니다. 반면 파란 빛에는 방어막의 회복이 늦어졌습니다. 그 후 실험을 통해 배양한 피부, 즉 신경도 혈관도 없는 피부에서도 같은 결과를 얻었습니다. **다시 말해 피부는 가시광선의 다양한 파장을 가진 색에 대해 서로 다르게 대응**합니다. 이것을 다른 말로 표현하면, **피부는 색을 식별한다**고 할 수 있습니다.

세포 수준에서 피부를 관찰하기 위하여 가시광선을 쏘인 직후 피부 표층을 전자현미경으로 관찰해 보았습니다. 그러

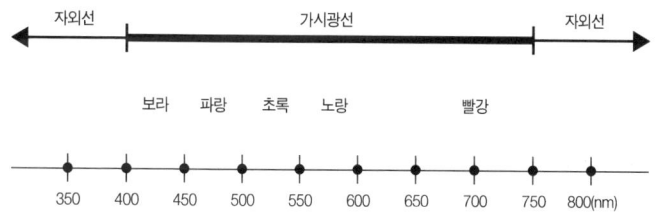

[그림 3] 자외선, 가시광선, 적외선

빛은 라디오나 텔레비전 방송국에서 송신하는 전파처럼 전자파의 일종이다. 빛은 파의 길이(파장)로 구별하는데, 파장이 380나노미터에서 780나노미터의 전자파가 인간의 눈에 보이는 가시광선이다. 파장이 380나노미터보다 짧은 전자파를 자외선, 780나노미터보다 긴 전자파를 적외선이라고 부른다.

자 빨간 빛을 받은 표피에서는 방어막 기능을 유지하는 세포간지질의 분비가 촉진되었는데, 파란 빛을 받은 표피에서는 반대로 세포간지질의 분비가 억제되었습니다. 이러한 현상의 메커니즘은 아직 발견되지 않았습니다.

표피에도 눈의 망막처럼 색을 식별하는 시스템이 있는 것일까요? 만일 있다면 방어막의 회복 속도에 어떻게 작용하는 것일까요? 앞으로 해명해야할 과제가 많습니다.

사실 냉정하게 생각하면 자외선과 적외선은 느끼면서 가시광선만 느끼지 못한다는 것이 더 이상합니다. 빛의 파장은 자외선, 가시광선, 적외선 순으로 길어집니다. 그리고 자외선과 가시광선, 가시광선과 적외선 사이에 어떠한 경계도 없습니다. 인간의 시각이 우연히 가시광선 영역의 파장을 받아들였기 때문에, '보이는 것(可視)'과 '보이지 않는 것(不可視)'의 구별이 생긴 것뿐입니다. 자외선을 볼 수 있는 나비와 적외선을 감지하는 뱀에게는 가시광선의 범위가 인간과 다를 뿐입니다.

피부는 눈의 시각 시스템과 다른 형태로 빛을 느끼고 있을 것입니다. 짧은 파장(자외선)에서는 각질층의 방어막 회복이 늦어지고, 긴 파장(적외선)에서는 방어막 회복이 빨라진다고 생각하는 것이 적절합니다. 피부는 우리가 상상하지 못했던 환경 인자들까지 인식합니다. 따라서 '피부 감각'의 의미를 다시 생각해볼 필요가 있습니다.

第二の腦

제2장

표피는 전기 시스템

뇌와 표피는 태생이 같다

 인체의 기관 중에서 가장 예민하며 최고 의사결정기구인 뇌와 때가 되어 없어지는 표피는 놀랍게도 태생이 같습니다. 기본적인 시스템과 세포 단위의 행동 양식도 분간할 수 없을 정도로 비슷합니다.

 우선 인간의 몸이 만들어지는 과정을 보겠습니다. 수정된 배아는 계속하여 세포 분열합니다. 가장 먼저 외배엽, 중배엽, 내배엽의 삼층 구조가 만들어집니다. 문자 그대로 표면을 덮고 있는 것이 외배엽입니다. 발생 단계가 진행되면서 신체의 세밀한 부분이 차례로 만들어집니다.

 표면의 외배엽에 길게 홈이 생기고, 그 패인 홈이 더욱 깊이 가라앉아 속이 빈 대롱 모양이 됩니다. 그 중에서 한 쪽 끝이 부풀어 오른 쪽이 뇌와 척수가 됩니다. 눈, 코, 입, 귀도 표면의 외배엽이 패이면서 형성됩니다. 그리고 아무런 분열도 일어나지 않은 상태로 표면에 남아있는 부분은 피부의 표피가 됩니다. 이런 면에서 신경계와 감각기, 표피는 태생이 같습니다.

 참고로 표피 아래의 진피는 중배엽에서 생깁니다. 먼저 표피에 대해 이야기하기 전에 신경계의 기본적인 지식을 간

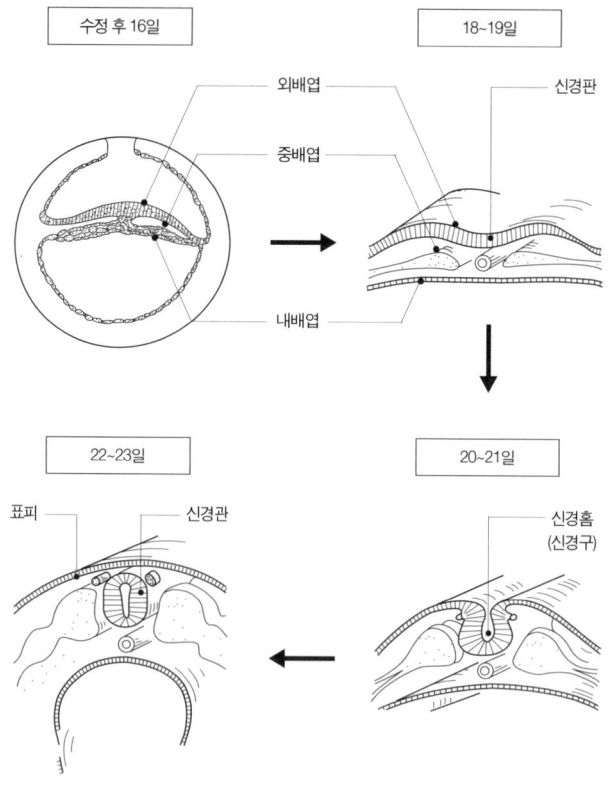

[그림 4] 뇌와 표피는 태생이 같다

수정 후 약 16일 정도 지나면 중배엽이 형성된다. 20~21일째가 되면 외배엽의 일부가 두꺼워져서 안쪽에 홈이 생긴다(신경홈). 곧이어 신경홈은 대롱 모양으로 변하면서(신경관) 신경의 기초가 되며, 나머지 부분은 표피가 된다. 이처럼 표피와 신경계는 같은 외배엽에서 발생한다. 눈, 귀, 코, 혀와 같은 감각기도 외배엽에서 형성된다.

단히 알아봅시다.

신경계는 뇌와 척수로 구성된 중추신경계와 온몸에 퍼져 있는 말초신경계로 이루어져 있습니다. 신경계는 디지털 신호를 전달하는 전기 시스템입니다. 외부의 감각 신호를 ON과 OFF의 두 가지 전기 신호로 만들어 뇌에 전달하는 것입니다. 시각, 청각, 후각, 미각을 인식하여 각각의 자극을 전기 신호로 변환하고 특정한 신경을 ON으로 바꿔 뇌에 신호를 전달하면 뇌의 해당 영역에서는 이러한 정보들을 처리하여 색과 소리, 냄새와 맛을 인식합니다.

신경세포의 세포막 안쪽은 바깥쪽과 비교할 때 마이너스(-) 전위를 가지고 있습니다. 세포막 안쪽과 바깥쪽에 전위차(전압)가 생겨 양쪽이 전기적으로 분극된 상태를 'OFF'라고 합니다.

한편 'ON'은 세포막 안쪽의 마이너스 전위가 사라져 세포막 안쪽과 바깥쪽의 전기적 차이가 없어진 상태를 가리킵니다. 이러한 ON 상태를 세포의 흥분이라고 합니다. 세포 밖에서 플러스(+) 전하를 가진 이온이 들어오거나, 세포 안의 작은 주머니에서 플러스 이온이 세포 안에 퍼져 세포막 안쪽의 마이너스 전위가 사라지면 OFF 상태가 ON 상태로 됩니다. 보통 외부의 자극으로 인해 ON이 되는 경우는 세

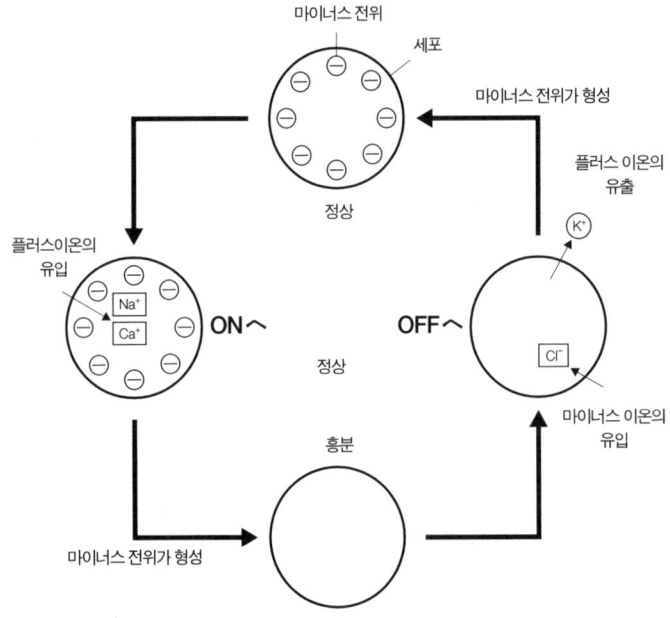

[그림 5] 세포의 ON과 OFF 디지털 전기 시스템

신경계는 디지털 전기 시스템으로 ON과 OFF의 전기적 상태를 형성하고 있다. 보통 세포막 안쪽은 바깥쪽에 비해 마이너스 전위를 가지고 있다. 세포막 안쪽과 바깥쪽에 전위차가 생겨 전기적으로 분극된 상태가 'OFF'이다. 한편 세포막 안쪽과 바깥쪽의 전기적인 차이가 없어진 상태를 'ON'이라고 한다.

포 밖에서 플러스 이온이 들어오는 경우입니다.

시각과 청각의 구조도 기본적으로 같은 전기 시스템에 의해 빛과 소리가 전기 신호로 변환됩니다. 세포의 흥분 상태가 지속되면 세포는 죽어버립니다. 따라서 ON을 OFF로 하지 않으면 안 됩니다. 세포가 바깥으로부터 음이온(마이너스 전기를 띤 이온 Cl⁻)을 유입하여 세포막 안쪽이 다시 마이너스 전기를 가지게 되면 정상 상태가 됩니다. 영어로 ON이 되는 과정을 Excitation(흥분), OFF로 되돌아가는 과정을 Inhibition(억제)이라고 합니다.

신경의 전기 시스템에서 ON, OFF를 전환하는 스위치가 '수용체'라는 단백질입니다. 얼마 전까지만 해도 스위치는 신경전달물질에 의해 작동한다고 알려져 있었습니다. 단백질 수용체에는 열쇠구멍 같은 것이 있습니다. 열쇠에 해당하는 정보전달물질이 열쇠구멍에 들어가면 스위치가 켜집니다.

흥분을 일으키는 물질에는 글루타민, 니코틴, ATF, 아드레날린 등이 있습니다. 한편 억제를 일으키는 물질로는 감마아미노낙산(약칭 GABA)이나 글리신 등이 있습니다. 정보전달물질 중에는 수용체의 종류에 따라 흥분을 일으키거나 억제를 일으키는 것도 있습니다. 도파민이나 세로토닌은 대표적인 흥분성 신경전달물질이고 감마아미노낙산은 억제성 신경전달물질입니다.

신경전달물질만 열쇠가 되는 것은 아닙니다. 전기로 작동하는 수용체도 있습니다. 20세기 말부터 온도나 압력, 삼투압으로 작동하는 TRP 수용체가 말초신경을 중심으로 발견되었습니다. 이러한 수용체는 신경계 말단에서 센서로 작용합니다. 신경계 말단에서 수용체의 열쇠는 온도나 압력, 또는 자극물질에 해당됩니다.

온도나 압력, 자극물질이 열쇠구멍(수용체)에 작용하여 전기 신호를 발생시키면 신경계를 통하여 중추신경(뇌와 척수)으로 전달됩니다. 중추신경에 있는 수용체는 기억, 학습, 감정과 같은 정보처리를 하는 하나의 부품입니다. 고도의 기능을 수행하는 뇌의 역할도 알고 보면 결국 흥분과 억제 스위치를 켜는 정보전달물질과 수용체 사이의 상호작용에 의한 것입니다.

| 느끼고 생각하는 피부 |

이제 피부 감각, 바로 촉각을 이야기할 차례입니다. 촉각 역시 신경을 통해 전기 신호로 전달됩니다. 입력점은 표피에서 신경을 형성하는 케라티노사이트 세포입니다. 이와 관련하여 이번에는 케라티노사이트 세포의 새로운 모습을 살펴보겠습니다.

먼저 1장에서 설명한 면역 기능을 설명하겠습니다. 피부가 손상되면 염증이 생깁니다. 혈액 속의 백혈구가 상처 부위에 모여들어 세균이나 바이러스를 파괴하는 과정에서 생기는 발열이나 아픔을 일으키는 것이 염증입니다. 염증을 일으키는 물질은 백혈구에서 분비되는 사이토카인이라는 단백질로 알려져 있습니다.

그런데 사이토카인이 면역세포 이외의 세포에서도 만들어지고 방출되는 것을 알게 되었습니다. 표피의 케라티노사이트에서도 각질층 방어막이 파괴되거나 자외선에 노출되었을 때 사이토카인을 방출합니다. 피부 표피가 손상되었을 때 SOS를 발신하는 것은 케라티노사이트 자신이었던 것입니다.

그 후 케라티노사이트가 여러 가지 호르몬을 합성한다는 사실도 밝혀졌습니다. 이때 방출되는 물질은 스트레스와 관계된 호르몬입니다. 또한 스트레스 호르몬에 의해 작동하는 수용체도 발견되었습니다. 호르몬이 열쇠라면 수용체는 열쇠구멍에 해당하는 것으로 열쇠를 꽂으면 조직 기관을 작동시키는 스위치 역할을 합니다. 이러한 발견으로 표피도 다른 신체조직과 마찬가지로 호르몬에 의해 조절된다는 사실이 밝혀졌습니다.

21세기에 들어서 우리들은 놀랄만한 사실을 발견했습니다. 전기 시스템으로 구성된 신경세포의 ON, OFF 상태가 케라티노사이트에도 있음을 알게 된 것입니다. 신경세포에서 세포막 안쪽은 바깥쪽에 비해 마이너스 전위를 가지고 있습니다. 마이너스 전위를 잃어버리면 흥분 상태가 되는데, 이른바 ON 상태입니다. 이것이 원래 상태로 되돌아가서 세포막 안쪽에 다시 마이너스 전위를 갖는 과정이 억제 작용으로, OFF 상태입니다. 이러한 흥분과 억제를 일으키는 물질의 수용체가 신경세포뿐만 아니라 표피의 케라티노사이트에도 있었던 것입니다.

나는 화장품회사에 근무하고 있으므로 스킨케어를 연구하고 있습니다. 그래서 표피의 흥분과 억제 시스템, 표피의 방어 기능, 그리고 계면활성제(비누)로 인해 피부가 거칠어지는 관계를 조사해보았습니다.

연구 결과 표피가 흥분되면 방어막의 회복이 늦어져 피부가 심하게 거칠어지고, 억제되면 방어막의 회복이 촉진되어 거칠어진 피부가 다시 정상 상태로 바뀌는 결과가 나왔습니다. 두뇌의 흥분도 일시적이면 괜찮지만 계속되면 병이 되듯이 피부도 평온한 상태가 좋습니다. 이때 피부를 억제시키기 위해 사용된 약은 엉뚱하게도 정신안정제인 트란키라이저였습니다. 뇌를 안정시키는 약물을 피부에 발라도 효과가 있었던 것입니다.

케라티노사이트를 억제하는 물질에는 아미노산 종류인 글리신, 세린, 알라닌이 있습니다. 우리 뇌뿐만 아니라 각질층에도 아미노산이 있습니다. 뇌 속의 아미노산과 각질층 속의 아미노산 종류를 조사했더니 또다시 재미있는 점을 발견했습니다. 뇌에는 글리신, 세린, 알라닌이 거의 없습니다. 그러나 각질층에는 억제 작용을 하는 아미노산 종류인 글리신, 세린, 알라닌이 반 이상을 차지하고 있습니다.

표피 위의 각질층에 억제 아미노산이 많이 포함되어 있는 것은 표피가 정상적으로 작동하기 위해, 다시 말해 흥분했을 경우 방어 기능을 제대로 작동시킬 수 있도록 하기 위해서가 아닐까요.

지금까지 우리는 표피 속의 흥분과 억제 수용체를 피부 상태와 관련해서만 조사했습니다. 그러나 이들 수용체 중에는 뇌의 기억 중추인 해마처럼 학습과 기억에 관여하는 것도 있습니다. 이것들은 단순히 방어 기능을 위해서만 존재하는 것은 아닙니다.

나중에 설명하겠지만(제2장 표피 세포는 전자파를 방출한다 참조), 이들 수용체의 일부가 표피 속의 정보전달이나 정보제어에 기여한다는 사실을 보여주는 실험결과가 있습니다.

제1장에서 말씀드렸듯이 표피에는 다양한 환경 인자를 받아들이는 수용체가 있습니다. 또한 대뇌에서 고도의 정보처리에 기여하는 수용체들이 표피에서도 존재합니다. **표피는 느낄 뿐만 아니라 생각도 하는 것입니다.** 연구하면 할수록 세포 구성은 전혀 다르지만 표피와 뇌는 서로 많이 닮아 있다는 것을 알 수 있습니다. 수용체라는 부품이 공통적으로 존재한다는 것만으로 뇌와 표피가 같다고 하면, 말도 안 된다고 비웃을 것은 틀림없습니다.

그러나 뇌에서는 세포 하나하나의 상호작용과 네트워크가 고차적인 기능을 수행하는 기초입니다. 이것은 표피에서도 마찬가지입니다. 세포들의 상호작용이 서로 다른 것뿐입니다. 이렇게 생각하면 뇌와 표피 사이에 본질적인 차이는 없습니다.

이런 방식으로 생각하는 것은 내가 대학에서 물리화학, 그것도 열역학을 공부했기 때문인지 모릅니다. 물질은 원자, 분자로 이루어져 있습니다. 개개의 분자나 원자를 연구하는 환원론적인 과학과는 달리 열역학은 거시적인 현상론을 다루고 있습니다. 열역학에서 개개의 원자와 분자는 무게나 전기 상태의 차이로 구분되고 그들 간의 상호작용을 통해 거시적인 현상을 설명하고 있습니다.

물론 세포는 분자와 달리 독립적으로 다양한 정보를 처리하고 정보를 주고받습니다. 이렇게 전혀 차원이 다른 것을 똑같이 취급하면 분자생물학이 주류를 이루고 있는 생물학자들에게는 웃음거리가 될 것입니다. 그러나 아주 작은 상황의 변화가 거시적인 현상을 일으키는 방법론으로서 열역학은 참으로 매력적입니다.

물론 열역학적 방법론으로 생물학을 논하면 안 됩니다. 그러나 세포 수준의 변화를 눈에 보이는 생물의 형태와 행동양식으로 나타낼 때 열역학, 특히 원자나 분자의 운동을 확률로 파악하는 통계열역학의 방법론에는 나름대로 중요한 의미가 있습니다.

| 표피는 전기 시스템이다 |

표피 세포는 신경세포처럼 세포막의 전기 상태를 변화시킨다는 점에서 표피 전체가 전기와 밀접한 관계라는 것을 확인하였습니다. 이미 19세기에 피부 표면이 신체 내부를 기준으로 마이너스 전위를 형성하고 있다는 것을 알아냈습니다. 전위가 심리 상태에 따라 변하는 점을 이용하여 거짓말 탐지기 같은 다양한 분야에 응용하였습니다.

거짓말 탐지기의 경우, 연구자들은 전위를 일으키는 부분이 땀샘이라고 생각했습니다. 땀에는 이온이 포함되어 있어서 이온이 움직이면 전기가 생성됩니다. 긴장하면 식은땀이 나므로 전기적으로 변화가 나타난다고 믿었던 것입니다. 그런데 우리는 땀샘이 없어도 전위가 발생하고, 표피 자체가 전기를 만든다는 것을 증명했습니다.

우선 정상적인 사람의 표피는 안쪽에 비해 바깥쪽(각질층)이 마이너스 수 십 밀리볼트의 전위를 가지고 있습니다. 이른바 각질층은 마이너스 극성을 가진 전지라고 할 수 있습니다. 이러한 전위는 표피에서 발생된 것입니다. 그 원인은 케라티노사이트를 통과하는 표피 속의 칼슘이온과 마그네슘이온의 차이에 있습니다.

정상적인 표피에서 이들 이온은 가장 바깥층의 표피에 집중되어 있습니다. 이온을 그대로 놔두면 주변으로 확산됩니다. 그러므로 이들 이온이 피부의 표층에 모이려면 표피 속에서 각질층을 향해 끊임없이 이동할 필요가 있습니다. 이

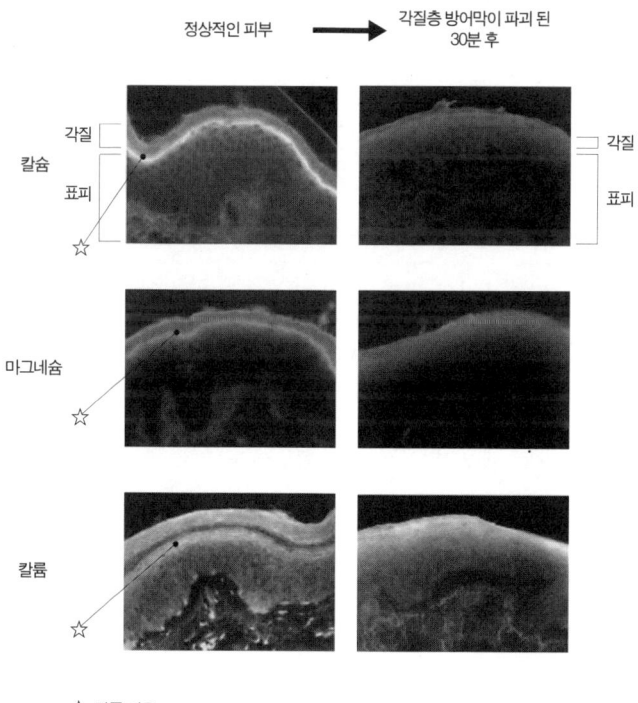

☆: 각종 이온

[그림 6] 각질층 방어막에 존재하는 이온

사진에서 정상적인 피부의 하얀 부분은 이온 농도가 짙게 분포되어 있는 곳이다. 피부 표면의 각질층 방어막을 셀로판테이프로 파괴하면 거의 순간적으로 이온의 농도가 고르게 된다. 피부 표면의 방어막이 무너져 표피의 각질층에 공기가 닿자마자 이온 확산이 일어나게 된다.

온의 흐름에는 이온채널(특정 이온을 통과시키는 문)이나 이온펌프(에너지를 사용하여 이온을 세포막 안팎으로 운송하는 분자 장치)같은 시스템이 작동이 필요합니다.

심리적으로 스트레스를 받을 때 노르아드레날린처럼 뇌에서 방출된 신경전달물질에 의해 표피의 전위가 변화됩니다. 뇌로부터 받은 지시를 표피가 전기로 나타내는 것입니다. 그렇다면 표피는 왜 전기를 일으키는 것일까요?

그 이유는 표피의 모양과 기능을 유지하기 위해서입니다. 표피의 가장 아랫부분에서는 세포가 분열합니다(그림 1 참조). 이러한 세포 분열은 점차 위로, 표면을 향해 진행됩니다. 시간이 지나면 세포간 지질과 천연보습제 역할을 하는 라멜라 과립, 케라토히아린 과립이 형성되고 세포가 죽으면서 각질층을 형성합니다.

이런 각질층은 표면에서 때가 되어 벗겨져 떨어져나갑니다. 표피에서는 이러한 사이클이 끊임없이 진행되어 그 모양과 기능을 유지하고, 표피를 구성하는 세포는 항상 새로 만들어지고 있습니다.

나는 표피 자체가 만드는 전기 덕분에 이러한 사이클이 유지된다고 생각합니다. 각질층 방어막이 파괴되면 표면의 마이너스 전위가 사라지지만(그림 6 참조), 방어막이 회복되면 전위도 원래 상태로 되돌아갑니다. 그렇다면 방어막을 파괴한 후에 전위의 크기를 더욱 크게 만들면 어떻게 될까요?

플러스 전위를 증가시키자 방어막의 회복이 늦어지고, 마이너스 전위를 증가시키자 방어막의 회복이 촉진되었습니다. 상처가 생겼을 때 마이너스 전위를 증가시키면 회복 속도가 빨라진다는 연구는 꽤 오래 전부터 있었습니다.

표피는 전기를 일으킬 뿐만 아니라 전위차로 인해 움직이는 것입니다. 상처를 입으면 그 구멍을 메우려고 표피 세포가 서서히 상처를 향해 움직이는데, 이것도 세포가 전위차를 이용하여 움직이는 것입니다. 표피에는 전기장을 느끼는 '전위감수성 칼슘 채널'이라는 분자 장치가 있다는 것도 밝혀졌습니다. 이외에도 비슷한 장치가 몇 개 더 있을 것으로 생각됩니다.

표피는 끊임없이 새로워짐에도 불구하고 그 형태와 방어 기능은 변하지 않습니다. 외부로부터 손상을 받아도 곧바로 스스로를 치유하여 원래의 상태로 되돌아갑니다. 전기장은 자율성에 중요한 역할을 하고 있습니다. **이처럼 표피는 스스로 자신의 상태를 모니터하고 전기적 환경을 만들어 형태를 유지**하고 있습니다.

변화된 형태 자체가 새로운 환경이 됩니다. 이 책의 마지막에 말씀드리겠지만, 이것이 바로 생명과 기계의 커다란 차이입니다. 이러한 시스템을 오토포이에시스(auto poiesis : 칠레의 생리학자 마투라나와 바렐라가 제창한 생명시스템의 개념. 자기 생산, 자기 창출 - 옮긴이)라고도 합니다. '스스로 자신을 만들어가는 시스템'이라고 말할 수 있겠지요.

피부에서 특히 표피가 전기 시스템이라는 것에 착안하여 전기 현상을 응용한 스킨케어법을 몇 가지 개발했습니다. 피부에 직접 전기적인 자극을 가해주는 방법도 좋지만, 피부 표면의 전기 상태를 변화시키는 방법도 있습니다. 우선 농도가 높은 이온성 수용액을 피부에 바르는 방법이 있습니다.

여러 가지 시험을 해본 결과 마그네슘염 수용액은 각질층 방어막의 회복을 촉진하고 칼슘, 칼륨염 수용액은 방어막의 회복을 지연시킨다는 사실을 알아냈습니다. 재미있는 점은 마그네슘염에 소량의 칼슘염을 넣었더니 방어막의 회복 속도가 더욱 빨라지는 것이었습니다.

이에 대한 이유는 아직 밝혀지지 않았습니다. 세상에는 아토피성 피부염에 효과가 있다거나 혹은 확실한 설명도 없이 피부에 좋다는 온천이나 탕이 많이 있습니다. 아토피성 피부염에 좋다는 해수욕 요법이 있고, 미용에 좋다는 간수 다이어트도 있습니다. 그런데 해수에서 나트륨을 제거한 것이 두부의 응고제인 간수입니다. 간수의 주성분이 바로 마그네슘염과 칼슘염입니다.

한편 물질끼리 접촉하는 면에서 일어나는 화학 현상을 연구하는 계면화학의 영역에서는 전기적 성질이 서로 다른 것들을 접촉시키면 전기가 발생합니다. 우리는 화장품 원료인 황산바륨이나 전해질 고분자를 피부에 발라 피부 표면의 전기 상태를 컨트롤하면 각질층의 방어막 기능을 개선시키고 피부의 염증을 억제시킨다는 사실을 증명했습니다.

이것은 물질이 피부 속까지 침투하지 않고 피부 표면에 접촉하는 것만으로도 피부의 내부 상태, 나아가서는 신체 전체에 생리적인 작용을 일으킬 수 있다는 것을 의미합니다.

일본에서 한동안 문제가 된 석면 문제(일본 대기업의 기계회사에서 정년퇴직 후 2, 30년 뒤에 발병하여 1996년 이후 중피종(석면 때문에 생기는 일종의 피부암)으로 6,060명이 사망. 공장 근처에 살던 사람들도 공기 중의 석면재 흡입으로 발병환자가 계속됨 - 옮긴이)도 전기 현상을 이용하여 암의 유도 메커니즘을 발견할 수 있을지도 모릅니다. 석면은 물에 녹지 않아 화학적인 변화가 없는 물질이라서 폭넓게 사용되었을 것입니다. 그런데 표피와 같은 상피계 세포(외부에 닿아있는 세포)인 기도나 허파의 상피가 석면과 접촉하여 세포막의 전기 상태가 변화하고, 세포 증식이 유도되어 암이 되어버린 것이 아닐까요.

생명체, 혹은 생명체를 구성하는 세포는 모두 전기 장치라고 할 수 있습니다. 세포들이 다른 전기화학적인 특성을 가진 물질과 접촉하면 다양한 세포내 생화학적 변화가 유도됩니다. 생체의 계면전기화학에 대한 연구가 앞으로 중요한 과제가 될 것으로 예상됩니다.

다시 이야기를 피부로 되돌려봅시다. 스킨케어뿐만 아니라 최근에는 전기 현상을 이용하는 피부 진단방법도 확립되었습니다. 건강한 피부는 표피의 바깥쪽과 안쪽에 전위차가 있습니다. 병든 피부에서는 그 기능이 저하될 것입니다. 그렇다면 전위차를 측정하여 피부의 건강상태를 판정할 수 있는 방법도 있지 않을까요.

이러한 아이디어 자체는 오래전에 확립하여 특허를 출원해 두었지만, 그것에 대해 아무도 관심을 갖지 않았습니다. 그 당시 혼자서 일을 하고 있었으므로 연구를 계속할 자금이 부족했기 때문에 논문도 쓰지 않고 방치해두고 있었습니다. 그러던 것이 최근에 갑자기 각광을 받으면서 가와이 에리코(河合江利子)라는 뛰어난 과학자가 내가 만든 장치의 먼지를 털어내고 아이디어에 새로운 생명을 불어넣어 주었습니다.

그녀의 노력으로 피부 표면의 전위가 피부의 방어막 기능과 수분유지 기능에 밀접한 상관관계를 나타내고 있으며, 건조한 환경에서는 얼굴 피부의 표면 전위가 순식간에 변한다는 것을 알게 되었습니다. 이러한 아이디어와 장치를 사용하면 통증 없이도 간단히 표피 속의 건강 상태를 측정할 수 있게 될 것입니다.

하지만 이 장치의 단점은 피험자의 감정, 즉 마음의 움직임에 따라 영향을 받는다는 것입니다. 예비실험을 하는 도중 피험자인 여자에게 "이 장치는 거짓말 탐지기 노릇도 해요. 당신은 남에게 말하지 못하는 비밀이 있군요."라고 말했습니다. 그러자 순간 커다란 전위 변화가 일어났으며, 이후로 그녀는 실험에 협력해주지 않았습니다. 그 후부터 피부의 상태에 대한 평가는 조용한 방에서 피험자의 심리적 자극을 최대한 배제시킨 환경에서 측정하고 있습니다.

| 표피 세포는 전자파를 방출한다 |

건강한 피부의 가장 바깥쪽 표피에는 칼슘이온과 마그네슘이온이 고농도로 분포해 있습니다. 칼륨이온은 가장 바깥쪽의 표피에서는 농도가 낮습니다. 표피 속 깊은 곳에도 각종 이온이 한데 모여 있습니다. 바깥쪽에서 안쪽 방향으로 갈수록 이온의 농도가 변화하는데, 그 이유는 표피의 표면에 분포하는 이온이 있는 반면, 표피의 깊은 쪽에 분포하는 이온이 서로 다르기 때문입니다. 이온은 표피의 깊이에 따라 농도를 바꾸면서 분포되어 있습니다.

재미있는 점은 표피 표면의 방어막인 각질층을 셀로판테이프로 파괴하면 거의 순간적으로 이온의 농도가 균일화된다는 사실입니다. 피부 표면의 방어막이 무너져 표피의 가장 밖에 있는 표면이 공기에 노출되자마자 이온이 확산되기 때문입니다.

살아있는 피부 속 이온의 움직임을 실시간으로 포착하는 방법은 없을까요? 이온의 움직임을 해석할 수 있다면 피부 표면에서 다양한 자극이 전파되는 시스템이 해명될 것으로 보입니다.

그러나 살아 있는 조직을, 다시 말해 생체조직 속의 이온이나 전기 현상을 관찰하는 것은 쉽지 않습니다. 예전에 뇌의 학습 메커니즘을 연구한 마쓰모토 겐(松本元) 박사와 연구진들은 배양액 속에서 쥐의 뇌 단면조직에 자극을 가하여 뇌조직의 전위 변화를 관찰하는 데 성공했습니다. 그 실험을 통해 기억과 학습의 중추인 해마에 자극을 주었을 때 이

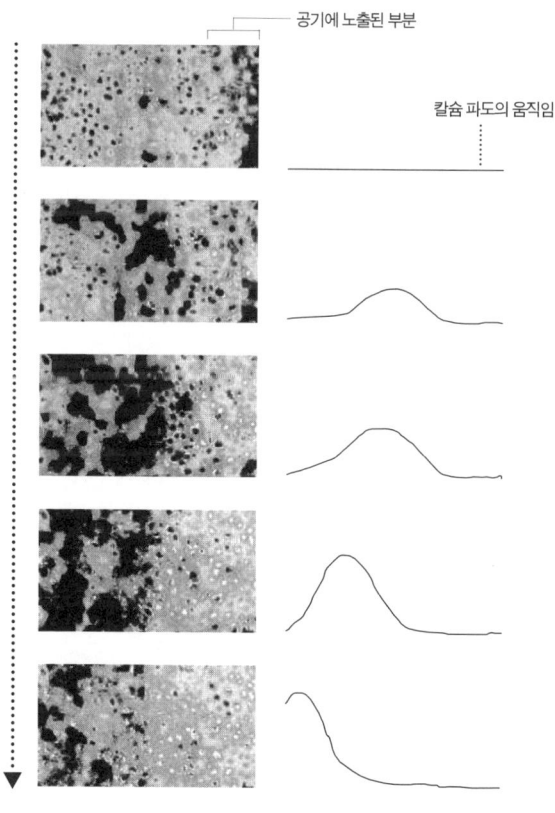

[그림 7] 표피 세포 내 이온의 움직임

표피 세포인 케라티노사이트를 석영 유리판 위에 배양한 다음, 그 중 일부를 공기 중에 노출했을 때 보이는 칼슘이온의 모습. 공기에 노출된 세포는 그다지 흥분하지 않았지만, 공기에 닿은 부분과 인접한 세포집단에서 '흥분의 파도'가 나타났다.

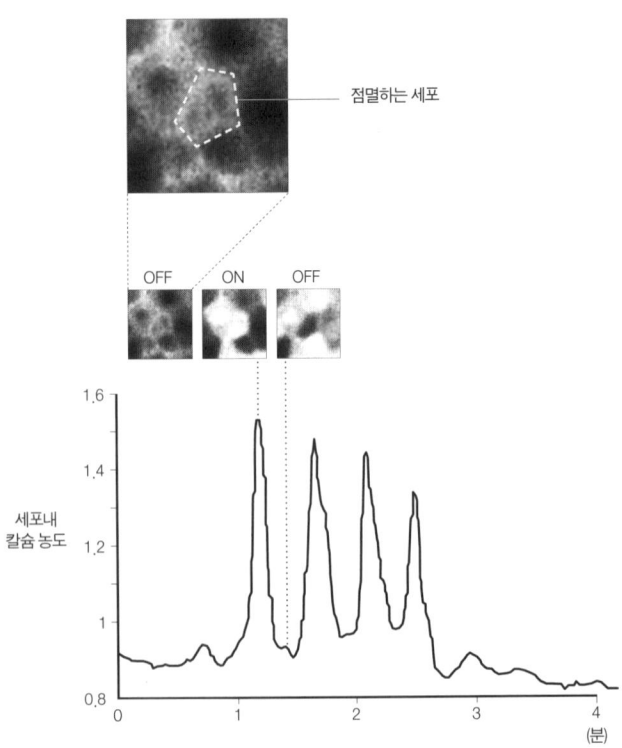

[그림 8] 전자파를 방출하는 표피 세포

그림 7의 실험에서 현미경의 배율을 높이고 개개의 세포를 관찰하자, 표피 세포가 점멸하는 모습이 보였다. 세포의 점멸을 시간에 따라 수치화하니 파동의 규칙적인 진동이 확인되었다.

온이 빙글빙글 돌면서 형성되는 전기 신호에 대해 다이나믹한 영상을 얻었습니다. 특히 해마 중에서도 CA1이라는 영역의 전위 변화가 크게 나타났는데, 이것은 후에 도네가와 스스무(利根川進) 박사 연구팀에 의해 해마의 기억과 학습 시스템을 발견하는 결과로 이어졌습니다.

나는 이와 같은 실험을 피부에서 하고 싶었습니다. 그러나 피부의 단면조직을 만드는 일조차 큰일이었습니다. 두께가 없는 조직의 단면조직을 만드는 것 자체가 어려운데다가 마쓰모토 박사가 연구한 새로운 전위 현상의 시각화 장치를 만들 예산이나 기술, 노동력, 시간이 없었습니다.

그래서 실험실에서 배양된 피부세포는 케라티노사이트를 사용한 모델과 같을 것이라고 생각했습니다. 먼저 세포를 관찰용 석영 유리판 위에 배양합니다. 각질층 방어막을 약간 파괴하여 표면을 공기에 노출시킵니다. 그 때 표피조직 내에서 일어나는 이온의 움직임을 재현하려고 생각한 것입니다.

마침 세포 내 칼슘이온의 농도를 관찰하는 현미경이 우리 연구소에 들어와 있었습니다. 칼슘이온은 표피의 자기조직화(자신의 구조적인 체계에 따라 질서가 생기는 것)에 중요한 역할을 합니다. 어떤 중요한 현상이 나타날 것이라고 확신했습니다. 그 결과 실험실에서 배양된 케라티노사이트 일부가 공기에 닿을 때 칼슘이온의 움직임을 관찰하는 데 성공했습니다.

이와 같은 실험은 놀랄만한 광경이었습니다. 처음에는 공기에 닿은 세포의 흥분, 즉 세포내 칼슘이온이 상승할 것으로 예상했습니다. 그러나 실제로 공기에 닿은 세포는 그다지 흥분하지 않았습니다. 예상 외로 공기에 닿은 세포와 인접한 배양액에 잠긴 세포집단에서 흥분의 파도가 나타났습니다. 두 번 정도의 커다란 파도, 즉 칼슘이온의 상승이 공기에 닿은 부분의 경계에서 그 앞쪽 방향으로 해일처럼 나아가는 광경이었습니다.

계속해서 관찰하자 신기하게도 그 파도 속 세포 하나하나가 각각 점멸하는 것처럼 보였습니다. 그래서 현미경의 배율을 높여 세포 각각에 대해 칼슘 이온의 농도변화를 관찰했습니다. 역시 점멸하고 있었습니다. 그 움직임을 시간에 따라 수치화하자 규칙적인 주파수의 진동이 보였습니다. 주기는 1분에 1회에서 수십 회였습니다. 1초에 1회의 진동이 1헤르츠이므로 실험에서 나타난 파동은 저주파에 해당합니다.

사람이 들을 수 있는 음파는 20헤르츠에서 20,000헤르츠라고 합니다. 소리로 치면 이보다 낮은 주파수를 저주파, 높은 주파수의 소리를 고주파나 초음파라고 부릅니다. 라디오

전자파에서는 저주파가 FM, 고주파가 AM에 해당됩니다.

세포내 칼슘 농도가 진동하면 세포막의 전위도 진동할 것입니다. 그러므로 **실험에서 관찰된 세포들은 저주파의 전자파를 방출**한 것입니다. 세포의 전기적인 진동은 신경계에서는 잘 알려져 있습니다. 그러나 피부 세포에서는 지금까지 연구된 바가 전혀 없습니다.

수학 이야기를 조금 해볼까요. 입력과 출력이 비례 관계인 경우를 선형이라고 합니다. 낯선 단어 때문에 어렵게 느껴진다면 예를 들어보겠습니다. 컵 한 잔의 물이 백 밀리리터라고 합시다. 컵이 두 잔이면 이백 밀리리터입니다. 이것이 선형입니다.

한편 식물의 모종을 심은 화분이 있습니다. 여기에 매일 컵 한 잔의 물을 주었더니 10센티미터가 자랐습니다. 그렇다고 해서 컵 두 잔의 물을 주면 20센티미터로 자라는 것은 아닙니다. 그보다 더 많이 자랄 수도 있고, 아니면 물을 너무 많이 주어서 뿌리가 썩어 죽어버릴지도 모릅니다. 이러한 현상을 비선형이라고 합니다.

나는 비선형 과학을 연구하는 나라(奈良)교육대학의 나카타 사토시(中田?) 박사와 교토대학의 기타하타 히로유키(北畑裕之)박사에게 실험을 통해 얻은 데이터를 보냈습니다. 그들은 내가 본 세포의 영상 이미지를 해석하여 그 속의 결합 진동자, 즉 세포가 스프링처럼 이어져 물결처럼 전해지는 물리 현상이 존재한다는 사실을 확인해 주었습니다. **마음대로 진동하는 것처럼 보이는 세포들이 서로 연결되어 정보를 전달하고 있다**는 것입니다.

단순한 실험을 통해 표피 세포에서 이토록 정교한 정보제어 시스템을 관찰한 것이 그저 놀라울 따름이었습니다. 외부에 컴퓨터 같은 제어장치가 없는 상태에서 꼬마전구 수백 개에 전원을 넣은 순간, 갑자기 커다란 파도와 빛의 점멸이 일어난 상황을 상상해 주기 바랍니다.

사실 피부나 표피 속에는 더욱 교묘하게 통제되는 정교하고 치밀한 정보처리 시스템이 존재하고 있습니다. 표피의 대부분이 케라티노사이트 집합체인데, 표피 깊은 곳에서 표면으로 이동함에 따라 형태와 기능이 크게 변합니다. 케라티노사이트에 있는 다양한 센서 분자 중 몇 가지는 피부 표면의 한정된 곳에만 존재합니다. 정보전달을 담당하는 수용체도 표피의 깊은 부분에만 존재하거나 표층에만 있는 것 등 다양합니다. 아마도 표피 속 깊이에 따라 정보수용과 정보전달, 제어 시스템이 저마다 다르겠지요.

이러한 연구를 기계에 비유하자면, 기본 부품의 성질을

알아낸 단계에 불과합니다. 그럼에도 불구하고 전자부품들의 조합과는 달리 복잡한 현상이 관찰되었습니다. 조금씩 성질이 다른 표피 세포를 잘 조합한다면 얄팍한 표피가 얼마나 복잡하고 정교한 시스템인지 비로소 밝혀질 것입니다.

| 피부도 늙어간다 |

나이가 들수록 신체 여기저기에 여러 가지 변화가 사정없이 나타납니다. 그중에서도 피부의 변화는 사람들의 눈에 잘 띄므로 여자든 남자든 누구나 관심을 갖고 있습니다. 특히 주름, 검버섯, 피부 건조, 피부결의 변화에 많은 신경을 쓰고 있습니다. 주름의 원인에는 여러 가지 이론이 있지만, 일반적으로 옅은 주름은 각질층이 두껍고 단단해져서 생기게 됩니다.

잔주름을 없애는 데 효과가 있는 레티놀산을 피부에 바르면 각질층이 얇아지고 표피가 두꺼워집니다. 피부의 살결이 촘촘해지는 것입니다. 알루미늄 호일을 위에서 누르는 것과 자동차 보닛을 있는 힘껏 누르는 경우를 상상해 봅시다. 두껍고 단단한 자동차 보닛에 힘을 준 경우 커다란 구김살이 생기겠지요? 단단하고 두꺼운 판에 힘을 주면 눈에 띄는 구김살 자국이 생깁니다.

마찬가지로 나이를 먹으면서 각질층은 두껍고 단단해집니다. 거기에 얼굴 표정의 움직임으로 인해 힘을 받으면 주름이 생기게 됩니다. 레티놀산은 각질층을 얇게 만들어서 주름이 생기기 어렵게 만들고, 그 밑에 있는 표피를 팽창시켜 이미 생긴 주름을 펴주기도 합니다.

주름이 생기는 또 다른 원인은 근육에 있습니다. 미간 주름이 아주 좋은 예인데, 이것은 근육이 긴장하여 굳어져서 생기게 됩니다. 이러한 주름에는 보툴리누스균 독소를 주사합니다. '보톡스'라는 제품을 들어본 적이 있을 것입니다. 이것을 주사하면 근육이 이완되어 주름이 사라집니다.

근육의 긴장은 아세틸콜린이라는 물질의 작용으로 일어나는데, 보툴리누스균 독소는 아세틸콜린을 억제하는 작용을 합니다. 그런데 보툴리누스균이 지나치게 많아서 온몸에 퍼지면 심장과 호흡기 근육이 느슨해져서 죽음에 이를 수도 있습니다. 온몸에 작용하지 않을 정도의 옅은 독소로 주름의 원인이 되는 근육만 헐겁게 하는 것이 비결입니다.

검버섯의 원인 중 하나는 색소세포가 비정상적으로 증식하기 때문입니다. 피부의 점도 마찬가지입니다. 이는 노화의 본질과도 관계된 문제인데, 나이를 먹음에 따라 다양한 장기나 조직에서 잘 작동되던 제어 기능이 떨어집니다. 따라서 세포가 비정상적으로 증식하는 것을 제어하지 못하게 됩니다. 이러한 현상의 극단적인 예가 바로 암입니다.

건강한 신체에서는 세포가 무턱대고 증식하지 않습니다. 신체 전체의 항상성(Homeostasis)을 유지하는데 지장을 초래하기 때문입니다. 항상성이란 생명체의 기본적인 기능의 하나로, 환경의 변화에 대항하여 생체 내부를 일정하게 유지하는 성질을 말합니다. 항상성에서 벗어난 상황이 바로 암세포인데, 이러한 암세포는 끝없이 계속 증식합니다.

나이에 따라 피부의 기능은 어떻게 변화할까요? 피부의 중요한 기능은 각질층의 방어 작용입니다. 방어 기능을 조사하는 일반적인 방법은 피부의 수분증발량을 측정하는 것입니다. 하지만 체내에서 수분이 피부를 통과하여 증발하는 양을 조사했더니 나이에 따라 커다란 변화를 보이지 않았습니다. 오히려 각질층의 방어 기능이 높아진 것처럼 보이는 데이터도 있었습니다.

전자현미경으로 조사해보니 고령자의 경우 각질층의 수가 젊은이들보다 많았습니다. 그렇다면 피부의 방어 기능은 나이를 먹음에 따라 향상되는 것일까요?

1995년 가디알리(R. Ghadially) 박사는 셀로판테이프로 각질층을 떼어내어 방어막을 파괴한 후의 회복속도를 30세 이상의 그룹과 80세 이상의 그룹으로 나누어 비교했습니다. 그 결과 고령자는 각질층이 파괴되기 쉽고, 파괴된 후의 회복도 현저히 늦어진다는 사실을 발견했습니다.

젊은 사람의 각질층은 항상 새롭게 만들어집니다. 나이든 사람의 각질층이 두꺼워지는 것은 새로 만들어지는 속도가 저하되었기 때문입니다. 두께가 있으므로 언뜻 보면 방어 기능이 향상된 것처럼 보이지만, 실은 각질층이 무르고 재생 기능도 저하되어 있으므로 파괴된 후에 세포의 재생이 늦어집니다.

나이를 먹음에 따라 피부 기능이 변하는 이유는 재생 능력이 떨어졌기 때문입니다. 항상 새로운 상태였던 표피가 재생 속도가 늦어지면서 낡은 상태로 남아 있는 것입니다.

피부 감각과 면역체계의 방어 기능처럼 피부의 다양한 기능이 정상적으로 작동하기 위해서는 항상 새로운 상태로 재생되어야 하며, 세포가 노화되지 않도록 하는 것이 중요합니다. 이처럼 표피는 생명체에서 중요한 역할을 하고 있습니다. 표피가 재생되지 않으면 당연히 감각 기능과 면역 기능에 노화가 일어나게 됩니다.

표피 세포인 케라티노사이트에 감각 기능이나 면역 기능

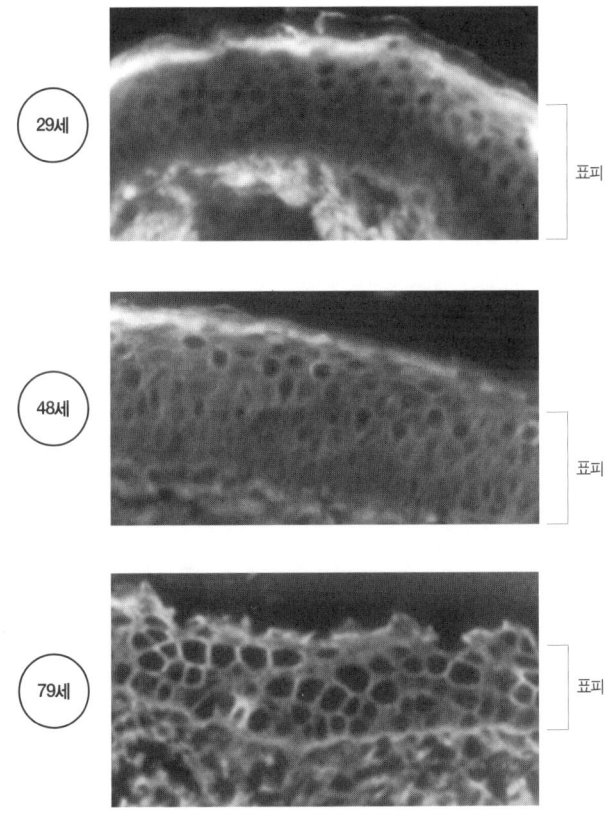

[그림 9] 연령과 표피 속 이온 분포

여자의 얼굴 피부에서 칼슘이온의 분포 모습. 하얀 부분은 칼슘이온이 고농도로 분포해있는 곳. 젊은이는 표피 상층에 칼슘이 집중되어 있는데 비해 고령자는 전체에 걸쳐 분포되어 있다.

이 있다는 것을 알게 된 사실은 아주 최근의 일이므로 아직 노화에 미치는 영향은 연구되고 있지 않습니다. 하지만 나이를 먹음에 따라 피부 감각의 감수성이 떨어지거나 세포의 이상 증식이 일어나는 현상은 표피의 재생 속도가 떨어지기 때문입니다.

그런데 왜 나이를 먹으면 재생 능력이 저하될까요? 표피가 그 모양과 기능을 유지할 수 있는 이유는 표피 표면에 이온이 형성되어 있기 때문입니다. 그렇다면 나이가 든 사람과 젊은 사람은 표피 속의 이온 분포가 다를 것입니다. 그래서 고령자와 젊은이의 얼굴 피부 속에 있는 칼슘이온 분포를 조사해 보았습니다.

그랬더니 젊은이들에게는 표피 상층에 칼슘이 집중되어 있는데 비해, 고령자는 전체적으로 일정하게 분포되어 있었습니다. 아마도 고령자의 경우 표피 세포 속에서 이온의 흐름을 만드는 이온펌프의 기능이 저하되었기 때문일 것입니다. 이온펌프는 생체 에너지원인 ATP를 소비하여 이온의 흐름을 일으키는 분자 장치에 해당합니다.

살아있다는 것은 항상 생명체의 정보와 에너지의 흐름이 충만하다는 것을 뜻합니다. 이러한 흐름이 정체되는 현상을 노화라고 합니다. 노화를 열역학적으로 연구한 보고서가 있습니다(O. Toussaint, 1995년). 그에 따르면 에너지 소비를 별로 필요로 하지 않는 완성된 시스템을 유지하는 것과 노화의 영향은 별로 관계가 없습니다. 하지만 외부의 스트레스에 반응하기 위해서는 그에 따른 에너지가 필요합니다.

노화가 가져다주는 커다란 변화 중에 에너지를 만드는 능력의 저하가 있습니다. 노화가 주는 가장 중요한 변화는, 스트레스가 생겼을 때 그 스트레스를 해소하는 능력, 즉 에너지를 생산하는 기능이 저하되었기 때문이라고 합니다. 아무도 노화를 멈출 수 없습니다. 그러나 에너지의 흐름을 장기간 유지할 수 있는 방법을 발견한다면 노화의 진행을 어느 정도 늦추는 것이 가능합니다.

| 왜 가려울까 |

누구나 경험해 본적이 있는 가려움이라는 피부 감각에 대한 메커니즘은 잘 알려지지 않았습니다. 하지만 두드러기의 가려움에 대한 원인은 해명되었습니다.

두드러기는 진피의 마스트세포에서 나오는 히스타민이라는 물질이 신경을 자극하기 때문입니다. 따라서 가려움을 완화시켜주는 약에는 히스타민이 신경에 들러붙지 않게 하는 항히스타민제가 배합되어 있습니다. 그러나 아토피성 피부염증의 가려움에는 항히스타민제도 거의 효과가 없습니다. 또한 노인성 건피증과 신부전증으로 인한 투석 환자의 가려움에도 항히스타민제가 듣지 않습니다.

2007년 로스앤젤레스에서 개최된 연구피부과학회에서 이를 뒷받침하는 연구가 있었습니다. 요시포비치 박사(G. Yosipovitch)팀의 연구에 의하면, 아토피성 피부염증 환자가 가려움을 느낄 때와 두드러기처럼 히스타민에 의해 가려울 때 대뇌에서 혈류가 상승하는 위치가 서로 다르다는 사실을 발견했습니다. 즉 우리 뇌는 아토피성 가려움과 두드러기성 가려움을 서로 다른 것으로 인식하고 있습니다. 두드러기와 아토피성 피부염은 가려움의 메커니즘이 다르다고 하는 것입니다.

최근 히스타민 이외에 다양한 가려움증의 원인이 되는 물질들이 밝혀지고 있습니다. 이러한 종류에는 신경펩티드(아미노산이 관련된 물질), 오피오이드 펩티드, 세로토닌 등등 너무 많아서 일일이 셀 수가 없습니다. 가려움의 메커니즘에 대한 이론은 다양한데, 예를 들면 아토피성 피부염 환자의 피부에는 말초신경의 개수가 많다는 연구도 있습니다.

가려움을 근절시키는 확실한 방법이 개발된다면 피부과

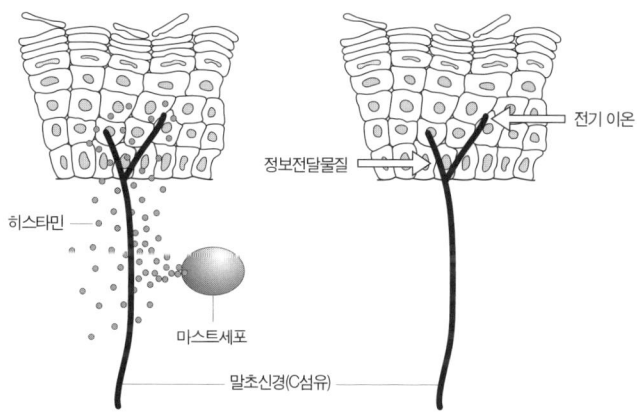

[그림 10] 가려움의 메커니즘

두드러기의 가려움은 진피의 마스트세포(비만세포)가 방출하는 히스타민이라는 자극물질이 원인이다. 히스타민이 신경을 자극하거나 혈관에 작용하여 가려움이나 부기를 일으킨다. 가려움의 메커니즘은 아직 해명되지 않았지만, 표피가 방출하는 물질이나 전위차, 이온이 말초신경을 자극한다고 여겨진다.

학자의 일은 상당히 한가해질 것입니다. 아토피성 피부염만 해도 가려우니까 긁게 되고, 긁으면 염증이 심해집니다. 염증이 심해지면 한층 가려워져서 더 심하게 긁게 되는 악순환이 되풀이됩니다. 아이들의 경우에는 긁지 못하도록 손을 침대에 묶어두기까지 한다고 들었습니다.

분자생물학 이외의 생물학은 생물학이 아니라는 요즈음의 풍토는 피부과학에도 영향을 끼쳤습니다. 가려움을 연구하는 학자들은 가려움의 원인 분자나 가려움을 느끼게 만드는 분자의 탐색에만 세월을 보내고 있습니다. 물론 그것도 나름대로 중요합니다. 하지만 환자 입장에서 볼 때, 수많은 연구가 이루어지고 있음에도 불구하고 의료 현장에서는 아직도 항히스타민제와 보습제만 처방받는 현실을 보면 안타깝기 그지없습니다.

가려움도 아픔과 마찬가지로 말초신경에서 감지됩니다. 신경에 장해가 있어서 아픔을 느끼지 못하는 피부는 가려움을 느끼지 못합니다. 그런데 가려움과 아픔에는 커다란 차이가 있습니다. 화상으로 표피를 잃으면, 아픔은 느끼지만 가려움을 느끼지 못합니다(『가려움이 심한 피부 질환』 의학저널社, 1991년). 다시 말해 **가려운 증상을 나타내기 위해서는 신경이 작용하는 표피가 필요하다**는 것입니다.

표피 감각의 최전선이 표피 세포인 케라티노사이트입니다. 그러므로 외적인 요인에 의해 가려움증이 생기면, 예를 들어 양모제품의 자극, 건조 자극, 온도 자극, 화학적인 자극(나쁜 화장품을 사용한 경우 등)의 감지는 케라티노사이트에 의해 이루어집니다.

케라티노사이트에는 압력, 온도, 화학 자극을 감지하는 센서 분자의 흥분을 전기 신호로 바꾸는 단백질이 있습니다. 이들 센서가 반응하면 케라티노사이트의 흥분, 즉 전기 상태의 변화가 일어납니다. 이러한 변화가 표피 속 깊숙한 말초신경을 자극합니다. 자극에 흥분된 케라티노사이트는 다양한 정보전달물질을 방출합니다. 그들 중에 가려움이나 아픔의 원인이 되는 것들이 있습니다. 이것들이 또한 신경을 자극하거나 진피에서 히스타민을 방출하는 마스트세포를 자극하여 가려움증이나 염증을 일으킵니다.

외부로부터의 자극이 없는데도 가려운 경우를 생각해봅시다. 스웨덴 카로 린스카 연구소의 포스린드 박사는 아토피성 피부염 환자의 표피 속에서 칼슘이온 농도가 높다는 사실을 발견했습니다(B. Forslind, 1999년).

우리 연구진도 각질층 방어막을 파괴한 직후의 표피와 고령자의 표피에서 칼슘이온 분포에 차이가 있다는 사실을 알아냈습니다. 이러한 연구에 의하면 칼슘이온의 농도 변화가 말초신경을 자극하는 것으로 알려져 있습니다. 칼슘이온의 농도 변화는 케라티노사이트를 자극하므로 케라티노사이트 자체에서 흥분을 일으킬 가능성도 있습니다.

이처럼 외적 인자와 내적 인자에 의해 표피의 전기 상태가 변한 결과로 케라티노사이트가 다양한 자극성 물질을 방출합니다. 이것이 표피와 말초신경의 관계로 가려움을 낳는 메커니즘이라고 생각됩니다.

세상에는 일반적으로 '민감성 피부'라고 불리는 예민한 피부를 가진 사람이 많이 있습니다. 특히 가장 괴로운 사람은 화장품을 사용할 때 가려움이나 따끔함을 느끼는 분들일 것입니다. 물론 화장을 안 하면 된다고 생각하는 분들도 있을 것입니다. 그러나 그 중에는 무대에 서는 사람들처럼 메이크업이 필수인 직업을 가진 사람들도 있습니다.

화장품 회사에서 민감성 피부는 매우 중요한 문제입니다. 이러한 사람들을 위해 화장품 회사에서는 대체로 저자극성 화장품을 만드는데, 이것들은 피부를 자극할 가능성이 있는 향료나 방부제를 첨가하지 않아 자극을 완화시킨 것들입니다.

민감성 피부의 메커니즘은 아직 충분히 밝혀지지 않았습니다. 아토피성 피부염 환자의 환부에서 표피에 존재하는 말초신경의 수가 일반인보다 많다는 연구 결과가 있지만, 말초신경이 민감성 피부의 원인 중 하나임에는 틀림없습니다.

나와 같은 시기에 미국 샌프란시스코에서 연구했던 리우 박사는 방어막 기능이 저하되면 케라티노사이트가 '신경성장인자(신경섬유의 성장을 촉진하는 단백질)'를 합성한다는 사실을 발견했습니다(A. Liou, 1995년). 이 결과에 의하면 방어막 기능이 저하될 때 신경섬유가 성장하는 것으로 나타났습니다. 리우 박사는 손상을 입은 피부를 플라스틱 막으로 덮으면 신경성장인자의 합성이 멈춘다고 말합니다. 좀 촌스럽더라도 방어 기능에 이상이 있는 민감성 피부에는 물의 증발을 막는 바셀린을 바르는 것이 의외로 효과적인 치료법입니다.

다가미 하치로(田上八朗) 박사는 민감성 피부를 가진 사람에 대해 각질층의 방어막 기능과 수분량을 측정했으나 명확한 관계는 없었다고 말합니다. 이러한 사실은 방어막에 이상이 없는 민감성 피부를 가진 사람들이 있다는 것을 의미합니다. 중요한 것은 민감성 피부의 원인은 피부 속, 바로 표피에 있습니다.

여기서 민감성 피부의 메커니즘을 나름대로 정리해보겠습니다. 먼저 표피 세포의 케라티노사이트에는 많은 센서 분자가 있습니다. 그리고 케라티노사이트는 센서나 말초신경을 자극하는 물질을 합성하기도 합니다. 민감성 피부를 가진 사람은 표피에 보통 사람들보다 많은 센서나 자극 물질을 가지고 있습니다. 따라서 표피의 물리적 방어막에 이상이 없는데도 보통 사람이 느끼지 못하는 수준의 자극을 민감하게 감지한다고 할 수 있습니다.

일반적으로 알려진 바와는 달리 고령자의 각질층 방어막 기능 자체는 나쁘지 않습니다. 하지만 표피 내 칼슘이온의 분포가 젊고 건강한 사람 사이에는 차이가 있습니다. 이것이 바로 '노인성 건피증'의 원인이라고 할 수 있습니다. 투석 환자들은 피부나 표피의 이온 구성에 변화가 생긴다는 연구가 있습니다. 투석 환자들에게 항히스타민제가 듣지 않는 이유는 표피의 전기 현상을 담당하는 이온 구성이 다르기 때문입니다.

第三の腦 :: 제3장

피부는 제3의 뇌

피부, 제3의 뇌를 선언하다

뇌란 무엇일까요? 너무 뻔한 질문이지만, 한 번 더 생각해봅시다. 해부학적으로 보면 매우 간단합니다. 인간의 경우 머릿속 두개골 안에 있는 주름투성이 두부 같은 물체가 뇌입니다.

뇌의 기능은 어떨까요? 우선 뇌는 생각하는 장기(臟器)입니다. 구체적으로 신체 여기저기에서 시각, 청각, 미각, 후각과 같은 감각 정보를 받아들이고 인식하는 장치입니다. 이러한 정보들을 근거로 다양한 판단을 내리고 그것을 행동으로 옮기는 방법을 강구합니다. 그리고 신체 각 부위에 실행으로 옮기기 위한 명령을 내립니다.

대부분의 사람들은 마음이 뇌에 있다고 믿습니다. 마음이라는 것도 정의하기 애매한 부분이라서 논하기 시작하면 철학적인 경향을 띠므로 간단하게 정의하겠습니다. 마음은 기분이나 감정, 또는 그러한 느낌을 가진 정신 현상입니다. 마음 혹은 의식이 뇌에 있지 않다는 주장도 있지만, 이것도 나중에 언급할 예정이므로 여기서는 다루지 않겠습니다.

이상의 견해를 요약하면, 뇌는 감각 정보를 받아들이고 이러한 정보들을 종합하여 처리하는 핵심 중추기관입니다.

다시 말해서 느끼고 생각하고 판단하고 행동하는 지시를 내리는 중요한 장기입니다.

소화기관의 연구자 거손(Gershon) 박사는 '소화기관도 뇌다'라고 말했습니다. 꽤 오래 전에 모르모트의 소화기 입구에서 항문까지, 즉 입에서 항문까지 적출하여 배양액에 담가두고 관찰한 실험이 있었습니다. 입에 알약 모양의 물체를 밀어 넣었더니, 소화기관이 입으로 들어온 내용물을 안쪽으로 이동시켜 항문으로 내보냈습니다. 물론 배양액 속에 있는 소화기관은 뇌와 연결되어 있지 않았습니다. 그럼에도 불구하고 소화기관은 스스로 판단하고 적절하게 움직여서 입구에 들어간 내용물을 정확하고 올바르게 출구까지 운반한 것입니다.

거손 박사는 소화기관이 뇌의 작용과 상관없이 독자적으로 존재하는 신경계의 자율 작용이라는 것을 밝혀냈습니다. 그는 『제2의 뇌(Second Brain)』라는 책을 통해 기능적으로 소화기는 뇌와 똑같으며, 느끼고 판단하고 행동하라는 지시를 내린다고 주장했습니다,

나는 서른을 넘기면서 특별히 바라지도 않던 피부 연구를 시작했습니다. 처음에는 화장품회사에서 제품설계 일을 하고 있었는데, 기초연구를 하고 싶다고 이야기하자 피부를

연구하는 부서로 이동하게 된 것입니다. 화장품회사의 연구소에서 기초연구라고 하면 피부에 대한 연구가 당연하겠지요. 하지만 나는 대학에서 물리화학을 배웠고 피부과학은커녕 생물학 지식조차도 잘 모르는 상태였습니다.

그런데도 무엇이든 해야 한다는 생각에, 전문용어를 전혀 몰랐으므로 의학사전을 책상에 펴놓고 피부에 관한 학술잡지들을 부지런히 읽기 시작했습니다. 처음에는 일본어로 된 피부과학 교과서를 들여다보았는데, 그것들은 피부과 의사가 되기 위한 책으로 거의 피부병과 관련된 치료법만 씌어 있었습니다. 나는 화장품회사의 연구소에서 근무하고 있으므로 피부병 치료에는 관심이 없었습니다.

도대체 피부는 어떤 구조로 되어 있을까? 이러한 의문을 풀기 위해 영문으로 된 피부과학 잡지들을 그저 무턱대고 읽었습니다. 단어조차 잘 모르는 상태인데다 일본어로 번역된 의학용어 또한 몰랐습니다. 그런 상태에서 무엇인가 흥미로운 이야기, 앞으로 내가 씨름할 만한 소재를 찾아 정처없이 논문 산책을 계속했습니다.

바로 그 때 충격적인 논문과 만난 것입니다. 처음에 짤막하게 소개했지만, 이제 자세히 설명하겠습니다. 그것은 실로 간단한 실험 리포트였습니다. 피부 표면에는 물을 통과시키지 않는 각질층 방어막이 있습니다. 이것은 셀로판테이프로 몇 번 떼어내면 파괴되고 기름을 녹이는 아세톤에도 쉽게 녹아내립니다. 그러나 약간의 상처에도 불구하고 자연히 치유되듯이 피부의 각질층 방어막은 파괴되어도 자연스럽게 회복됩니다.

논문의 내용은 다음과 같았습니다. 실험자가 피부의 각질층 방어막을 파괴한 후, 물을 통과시키지 않는 라텍스 고무막으로 피부를 덮었습니다. 그러자 피부의 방어막 기능이 전혀 회복되지 않았습니다. 한편 방어막을 파괴한 후, 수증기는 통과시키지만 물방울은 통과시키지 못하는 고어텍스라는 소재를 피부에 덮었습니다. 그러자 이번에는 방어막 기능이 제대로 회복되었습니다(G. Grubauer, 1989년).

논문의 저자인 캘리포니아대학 피부과학과의 교수에 의하면 피부를 유지하는 시스템은 항상 피부의 수분 증발량을 모니터하여 방어막 기능을 일정하게 유지한다고 합니다. 피부의 각질층 방어막은 자신의 상태를 실시간으로 체크하고 손상을 받으면 자동적으로 회복시킵니다. 그런데 고무막으로 덮으면 방어막이 회복되었다고 피부가 속아버리는 것입니다.

이 연구 결과에 감동한 이유는 다음과 같습니다. 나는 대학에서 화학, 열역학을 공부했기 때문에 열린 상태의 시스템에서 '자기조직화'라는 개념에 매력을 느꼈습니다. 엔트로피 법칙에 의하면 닫힌 상태에서 형태가 있는 것은 모두 파괴된다고 합니다. 그러나 살아있는 생물체에서 생명이 유지되는 동안은 항상 유기적으로 복잡한 모양을 유지합니다. 심지어 자신까지 복제를 합니다.

닫힌계에서 성립하는 엔트로피 법칙은 열린계, 즉 에너지와 정보가 출입할 수 있는 계에서는 성립하지 않습니다. 에너지의 흐름 중에는 높은 질서를 가진 구조가 저절로 형성되는 일이 있습니다. 이것이 바로 자기조직화 현상입니다. 생명은 자기조직화를 하는 열린계에 해당됩니다.

생명체가 살아있는 동안 주위로부터 먹을 것과 산소, 열을 흡수하고 한편으론 배설하고 정보를 주고받으며 고유의 기능과 본래의 구조를 유지합니다. 문지르면 때가 되어 벗겨지는 **피부에도 자신의 상태를 모니터하고 유기적인 상태가 파괴되면 원래대로 되돌리는 힘이 있다**는 사실을 통해 생명의 본질을 엿볼 수 있습니다.

피부 연구에 몰두하고 싶다는 일념으로, 미국으로 건너가 그 논문을 쓴 엘리아스(P. M. Elias) 교수, 파인골드(K. R. Feingold) 교수을 만나 함께 연구할 기회를 얻었습니다. 일본으로 돌아오고 나서 다양한 실험을 했습니다. 대부분의 연구는 피부의 방어기제였지만 환경, 습도, 정신적 스트레스, 후각, 전기, 온도, 호르몬, 그리고 빛에 이르기까지 점차 연구 범위를 넓혀갔습니다.

한편 피부의 시스템 연구를 진행하여 각질층의 방어막을 만드는 표피 세포가 사실은 방어막을 형성할 뿐만 아니라 환경 변화를 모니터하는 센서 기능도 하며, 그렇게 얻은 정보를 처리하는 기능까지 있다는 것도 발견했습니다. 또한 그러한 정보를 신경이나 면역계, 순환기계, 내분비계 등 온몸의 다양한 시스템뿐만 아니라 우리 마음에까지 영향을 미친다는 사실도 알아냈습니다.

여기서 나는 '**피부는 제3의 뇌**'라고 선언하고자 합니다. 미국의 거손 박사가 소화기계에서 찾아낸 사실은 피부, 그중에서도 방어막을 만드는 표피에도 전부 들어맞기 때문입니다. 뿐만 아니라 이미 설명했듯이 소화기와 뇌에는 존재하지 않는 환경인자 센서기능도 잇달아 발견되었습니다.

아직 센서와 정보처리 시스템의 전체적인 기능과 구조는 밝혀지지 않았습니다. 최근 들어서야 표피의 존재가 명백해졌기 때문입니다. 참고로 호지킨과 헉슬리 연구팀이 신경전달 시스템의 기본인 막전위(세포막 안과 밖의 전위차) 메커니즘을 주장한 것이 지난 세기 중반인데, 우리는 아직도 뇌의 기능은 고사하고 말초신경 시스템조차 알지 못하고 있는 상태입니다.

피부는 정보를 인식하고 처리하는 능력에 있어서 신경계와 소화기에 뒤지지 않는 뛰어난 잠재능력을 가지고 있습니다. 피부를 제3의 뇌로 자리매김함으로써 새로운 생명관의 탄생을 기대해봅니다.

뇌 없는 개구리가 등을 긁다

바야흐로 일본은 '뇌의 전성시대'입니다. 『뇌를 단련하다』, 『뇌 연령』 등 뇌와 관련된 책들이 서점에 즐비합니다. 뇌과학종합연구센터의 쓰모토 다다하루(津本忠治) 박사는 '자칭 뇌과학자들이 뇌의 시냅스나 신경세포의 움직임과 같은 세포 수준의 현상도 제대로 이해하지 못하면서 객관적인 근거나 데이터 없이 말하는 농지거리를 그냥 무시해야하는가, 아니면 그에 대한 비판을 확실히 지적해야하는가?' 하며 뇌의 유행을 한탄하고 있습니다.

뇌가 사람에게 중요한 기관인 것은 말할 것도 없습니다. 하지만 뇌만이 특별한 기관은 아닙니다. 무엇보다 **뇌가 없**

는 생물들도 무수히 존재합니다. 우선 원생동물, 식물, 균류가 그렇습니다. 다세포생물 중에서도 뇌가 중요한 역할을 하는 것은 척추동물 정도입니다. 플라나리아 등 무척추동물에도 뇌의 원형과 같은 것이 존재하지만, 그들은 몸통을 절단해도 꼬리부터 머리까지 재생됩니다.

척추동물이라 해도 수준 높은 정신적인 행동은 뇌가 없어도 가능하다는 연구 결과가 있습니다. 우리가 척수 개구리라고 부르는 '뇌 없는 개구리', 즉 머리 부분을 잘라내고 척수만 남은 개구리의 피부에 자극을 주고 그에 대한 반응을 관찰한 연구가 있습니다.

척수 개구리를 공중에 매달고 등의 일부를 산(酸)으로 자극합니다. 그러자 개구리는 마치 '가려워~'라고 말하는 듯 뒷다리로 그 부분을 긁는 것이었습니다. 더욱 놀라운 점은 개구리가 뒷다리로 긁은 부분은 정확히 자극을 준 위치였습니다. 다시 말해 개구리는 뇌가 없어도 어느 쪽에 자극을 받았는지 정확히 인식했고, 또한 뒷다리를 움직여 긁적긁적 긁었다는 것입니다.

더욱 자세한 연구를 통해 다리가 움직일 때 근육의 움직임은 척수로부터의 반사 작용이라는 것을 확인했습니다. 한 가지 다른 점이 있다면 '뇌 있는 개구리'와 비교했을 때, 움직임이 다소 부드럽지 못한 정도였다고 합니다(Hart & Giszter, 2004년).

결론적으로 **자극을 받은 부위의 감각, 그리고 불쾌한 자극에 대한 인식은 뇌가 없어도 가능하다**는 점입니다. 이와 같은 반응에 있어서 피부가 적지 않은 기여를 한다는 것은 말할 필요도 없습니다. 뇌가 없어도 피부와 척수를 연결하는 신경의 작용으로 근육을 움직이는 것이 가능합니다. 만약 우리 몸에 모기가 앉으면 무의식적으로 손이 반응해서 철썩 때려잡습니다. 이러한 작업에 뇌는 그다지 관여하지 않으며, 피부 자체가 기본적인 기능을 수행하는 것입니다.

| 자아를 형성하는 피부 |

'피부가 제3의 뇌'라면 피부가 없는 경우 어떻게 될까요? 물론 인간을 대상으로 실험을 할 수는 없습니다. 피부는 몸 안의 장기와 조직들을 지키는 방어막으로 그 중 3분의 1만 손상되어도 생명체는 죽어버립니다. 이것은 동물실험에서도 마찬가지입니다. 뇌 없는 개구리의 경우 어느 정도 살아있는 반면, 피부가 없는 개구리는 손상이 너무 심각해서 생리 상태를 관찰하는 것이 불가능합니다.

과거에 피부 감각을 차단하는 실험을 한 적이 있습니다. 1950년대에 J. C. 리리 박사가 아이솔레이션 탱크라는 장치를 고안했습니다. 이것은 모든 외적인 자극을 차단하고 깊은 명상에 빠질 수 있는 장치입니다.

탱크에는 방음 처리가 되어 있으며, 조명도 없이 호흡 장치만 설치되어 있습니다. 탱크의 내부에는 피부의 표면온도와 같은 34도의 진한 황산마그네슘 수용액으로 채워져 있어 벌거벗고 들어가면 부력에 의해 수용액에 둥실 뜬 상태가 됩니다. 이 장치는 시각과 청각 자극을 차단할 때 피부 감각과 중력 같은 체성 감각(근육, 뼈에서 받아들이는 감각)을 최대한 줄여주는 역할을 합니다.

원래 뛰어난 뇌 연구자였던 리리 박사는 아이솔레이션 탱크 속에 있을 때 정신이 육체를 이탈하는 느낌을 받았다고 합니다. 이와 더불어 이탈한 정신이 다른 차원의 이성과 대화를 하는 것을 느꼈다고 기술하고 있습니다.

아이솔레이션 탱크 속에서의 상황을 더욱 객관적으로 기술한 기록을 조사했더니 두 개의 신뢰할 만한 체험담이 있었습니다. 『파인먼씨, 농담도 잘 하시네요』의 저자이며 노벨물리학상을 수상한 리처드 파인먼과 『임사체험』(문예춘추, 1994년)의 저자인 다치바나 다카시(立花隆)의 체험입니다.

리처드 파인먼은 자아가 몸을 떠나 유리된 것처럼 느꼈다고 기술하고 있습니다. 하지만 이러한 환각은 아이솔레이션 탱크 속에서만 체험할 수 있었다고 말합니다. 이어서 다치바나 다카시도 신체의 표면으로부터 자아가 빠져나갔다고 말합니다. 그에 의하면 삶을 계란의 껍데기와 알맹이로 비유할 때, 알맹이가 자아라고 하면 본래 껍데기에 바싹 달라붙어 있던 자아가 미끄러지며 껍데기 안에서 회전했다고 합니다.

모두 주관적인 묘사일 뿐, 그 순간 정말 어떤 일이 일어났는지 알려주는 객관적인 관측 데이터는 없습니다. 단지 훌륭한 과학적 지식과 분석적 사고능력의 소유자인 두 사람이 비슷한 감각을 체험한 것이 매우 흥미롭습니다. 다치바나는 이 체험을 '자아의 형성에 체성 감각이 중요한 역할을 하는 것 같다'고 적절하게 표현했습니다.

우리는 보통 자신이 현재 어디에 있고 어떤 상태인지 생각하지 않아도 알 수 있습니다. 그러나 눈을 감고 귀를 막으면 조금 불안해집니다. 이러한 상태에서 몸을 움직이면 어디에 있는지 모르게 됩니다. 하지만 자신의 자세나 주위의 온도, 습도는 피부를 통해 알 수 있으며, 그것을 인식하는 존재도 자신이라는 것을 알고 있습니다. 하지만 자세를 유지하기 위해서는 뼈와 근육이 느끼는 감각과 피부 감각이 필요합니다. 그런데 아이솔레이션 탱크 속에 떠 있으면 그러한 감각이 거의 없어져버립니다. 감각을 통해 인식하고 사고하는 '자신'이 부유하는 것입니다.

의식에도 형태가 있고 그것을 인식하는 몸의 위치와 각도가 정해져 있습니다. 그렇지 않으면 우리는 정상적인 행동을 할 수 없습니다. 지금 우리가 식탁에 앉아있다고 합시다. 눈앞에 젓가락이 있고 그 앞에 밥과 된장국이 있습니다. 젓가락을 들고 밥그릇을 잡을 수 있는 것은 의식에 좌표와 형태가 있기 때문입니다. 이런 당연한 상태를 유지하는 데도 피부가 중요한 역할을 합니다. 피부 감각처럼 체성 감각이 우리 몸의 위치를 인식시키는 것입니다.

그 후에도 아이솔레이션 탱크에 관한 연구가 계속되었는지 조사했더니 '플로테이션 레스트(floatation rest)'라는 장치로 이름이 바뀐 몇 개의 논문을 발견했습니다. 그다지 긍정적인 연구는 없었는데, 예를 들면 탱크에 떠 있는 상태에서 혈중 스트레스 호르몬을 측정했지만 변화가 없었다는 등의 내용이었습니다. 대부분 '안정 효과'에 초점을 맞추고 있었습니다.

다치바나는 오히려 사고력이 증가했다고 말하지만, 사고

력을 연구한다는 것은 매우 어렵습니다. 단순히 계산능력의 문제가 아니라 자아에 대한 변화를 객관적으로 기술하는 수단이 없기 때문입니다.

또한 이 장치의 개발자인 리리 박사가 그 후 일반적인 가치관에서 벗어나 다른 길을 추구했기 때문에 그의 연구 전체가 의심받으면서 과학자들의 관심에서 멀어졌습니다. 아이솔레이션 탱크라는 이름 자체를 바꿔버린 것도 그 장치에는 흥미가 있을지 모르지만, 미친 과학자라는 소리를 듣고 있는 리리 박사와의 관계를 숨기고 싶었기 때문일 것입니다.

객관적인 사실에 근거하여 연구하는 과학자라면 우주와의 대화를 주장한 리리 박사의 사고방식을 이해할 수 없을 것입니다. 리리 박사에 의하면 돌고래는 지적 생명체이기 때문에 인간과 대등하다고 말하면서도, 한편으론 마취도 하지 않고 원숭이의 뇌에 전극을 찔러 넣는 사람이었기 때문입니다.

온몸에 퍼져있는 뇌

최초의 논의로 돌아가서 기능적인 측면에서 뇌란 무엇일까요? 어떤 종류의 인식이나 판단, 행동을 할 때 뇌가 꼭 필요하지는 않습니다. 신체 내부의 기관들은 정보처리나 항상성 유지(외부 환경의 변화에 대해 신체의 내부 상태를 일정하게 유지하는 것)를 위해 뇌와 관계없이 독자적으로 기능을 수행하고 있습니다. 그뿐 아니라 이제까지 **뇌의 기능으로 알려져 있던 의식을 유지하기 위해서는 뼈와 근육, 그리고 피부가 필요하다**는 것이 밝혀졌습니다. 두개골 속의 전두엽 같은 기관과 목욕탕에서 박박 문질러대는 피부 중 어느 것이 우선이고, 어떤 것이 중요한지 그리고 무엇이 '마음'을 만드는 것인지에 대한 토론이 무의미하게 생각되지 않습니까.

생명의 기능을 유지하는 측면에서 볼 때 끊임없이 변화하는 환경의 접점이 되는 피부가 뇌보다 중요하다고 할 수 있습니다. 다세포생물 중에서도 고차원의 뇌 구조를 가진 동물이나 인간을 생각해볼 때 특정 기관의 한정된 역할에 커다란 의미를 부여하는 것은 그다지 중요하지 않습니다. 유기체 전체가 뇌에 해당되며, 두개골 속의 기관은 다른 장기와 상호작용하면서 일정한 역할을 하는 것에 불과하기 때문입니다.

『데카르트의 오류』의 저자인 안토니오 다마지오 박사는 '의식, 이성, 감정, 그리고 마음은 유기체인 신체와의 상호작용으로 만들어진다'고 주장합니다. 인간의 수준 높은 정신활동에 뇌가 중요한 기여를 하는 것은 분명하지만 뇌 혼자서는 감정이나 이성을 나타낼 수 없습니다. 다마지오 박사는 특히 환경과의 경계 영역으로서 피부의 중요성을 지적하고 있으며, 피부 감각이 판단과 사고에 커다란 영향을 끼치는 것은 틀림없습니다.

뇌에서는 다양한 정보를 처리하고 통합하지만, 뇌로 운반되는 정보의 수집은 온몸의 장기와 감각기관이 처리합니다. 특히 소화기와 피부는 독자적으로 정보처리를 하는 기관입니다. **뇌가 정보처리 시스템을 갖춘 기관이라고 정의한다면, 뇌는 온몸에 분포해 있다**고 말할 수 있습니다.

第三の腦 ∷ 제4장

피부의 초능력

| 동 양 의 학 을　다 시　생 각 한 다 |

 나는 『피부는 생각한다』에서 침구의학에 대한 견해를 이야기했습니다. 마쓰모토 겐(松本元) 박사가 동양의학에 관심을 기울이고, 마쓰모토 선생에게 소개받은 외기공 치료원에서 우울증을 치료한 점 등이 바로 책을 쓰게 된 계기가 되었습니다.

 침구의학 입문서를 몇 권 읽었지만 솔직히 음양오행 같은 근본 원리를 이해할 수 없었기에 나의 생각을 정리하여 침구의학회로부터 평가를 받기로 결심하고, 표피를 기초로 한 이론을 발표한 것입니다. 동양의학 전문가들이 어떠한 평가를 내릴지 상당히 흥미로웠습니다.

 얼마 지나지 않아 동양의학과 대체요법 전문 출판사가 발행하는 잡지로부터 대담 의뢰가 왔습니다. 대담 상대는 일본침구학회 회장을 역임하고 메이지침구대학 학부장인 야노 타다시(矢野忠) 박사였습니다.

 5월의 맑은 어느 날, 출판사 응접실에서 야노 박사를 만났습니다. 회장과 학부장을 지낸 분 치고는 상상할 수 없을 정도로 소탈한 분이었습니다. 우리는 소파에 앉자마자 이야기를 시작했습니다. 나의 미숙한 질문에도 야노 박사는 예를 들어가며 알기 쉽게 대답해 주었습니다. 그 예가 또한 매우 흥미로워서 오전 11시 경에 시작한 대담은 끊임없이 계속되었습니다. 화제가 사방팔방으로 이어져 옆에서 녹음하고 있던 여성 편집자가 오후 3시경에, '자, 이제 이쯤에서······' 하고 멈춰주지 않았더라면 대담은 아마 저녁까지도 계속되었을 것입니다.

야노 박사의 이야기는 무엇보다도 자신의 체험에서 비롯된 것이었습니다. 그는 여러 가지 불가사의한 현상과 마주친 경험이 많았습니다. 그리고 그것들에 대해 다양한 방법을 사용하여 과학적으로 해석하고 검증했습니다. 서재 안에서 연구하는 과학자라면 이야기할 수 없는 흥미로운 화제였습니다. 나는 다시 한 번 동양의학에 대한 나의 얕은 지식을 뼈저리게 느꼈습니다.

고맙게도 야노 박사는 나의 이론에 깊은 관심과 흥미를 보여주었습니다. 침구로 대표되는 동양의학에는 피부가 관계된 경우가 많습니다. 그런데도 피부와 동양의학을 연결하여 연구한 예는 많지 않았기 때문에 나의 변변치 못한 논의조차 가치가 있다는 것이었습니다.

그 후 나의 책을 출판해주었던 편집자가 나에게 '피부과학 특집' 기획의 집필자를 추천해달라는 부탁을 했습니다.

나는 망설임 없이 바로 야노 박사에게 '침구의학으로 본 피부'라는 논문을 부탁하라고 했습니다. 곧이어 침구의학에 대한 과학적 지식들이 알기 쉽게 정리되어 출판되었습니다.

야노 박사와의 인연으로 나는 동양의학을 더욱 깊이 연구하면서 진지하게 생각하게 되었습니다. 야노 박사의 주장들은 몇 번 언급되었지만, 여기서 그의 견해와 나의 연구를 중심으로 침구의학과 동양의학의 연관성을 이야기하겠습니다.

우선 동양의학에서 바라본 피부의 평가입니다. 피부에는 온몸의 구석구석까지 '위기(衛氣)'라는 기(氣)가 돌면서 문자 그대로 신체를 지키고 있습니다. 기가 약해지면 생체 방어 체계가 저하되어 병에 걸리기 쉬워집니다.

여러 가지 몸안의 다양한 증상도 먼저 피부에서 나타납니다. 그러므로 침구의학에서는 특히 인체의 피부에 대한 관찰이 중요한 진단방법입니다. 동양의학이란 오늘날과 같이 X선이나 CT, 초음파가 없었던 고대에 의사가 어떻게든 병의 원인을 찾기 위해 많은 경험 끝에 확립한 방법론일 것입니다.

오늘날 종합병원 의사는 과학 장비에 의지하여 검사를 하지만, 정작 환자를 제대로 진찰하지 않는 경향이 있습니다. 그로 인해 나도 한때 곤혹스러웠던 적이 있습니다.

결론적으로 말하면 단순한 좌골신경통이었는데, 처음에 근처 대학부속병원 정형외과에 갔더니 갑자기 몇 십만 원의 검사료를 지불하며 CT스캔부터 시작해서 심장 카데터로 다리까지 혈관조영을 한 적이 있습니다. 그러나 담당의사는 '잘 모르겠다, 특별히 치료할 것이 없다'는 말뿐이었습니다. 복잡하고 까다로운 검사에 비해 결과는 너무 간단한 처방이었습니다.

어쩔 수 없이 잘 알고 지내던 신경생리학 교수에게 소개받아 카이로프랙틱(약물처방이나 수술을 하지 않고, 예방과 유지에 역점을 두어 영양과 운동을 겸해서 신경, 근육, 골격을 복합적으로 다루는 치료법 - 옮긴이)이라는 방법을 적용했습니다. 그곳의 선생은 나의 등을 관찰하더니 "당신의 등이 휘어 있습니다. 그래서 신경이 압박받아 좌골신경통이 된 것입니다. 휘어진 반대쪽으로 스트레칭하세요."라고 말했습니다. 시키는 대로 하자, 지난 몇 년 간 지속되던 통증이 신기하게도 언제 그랬냐는 듯이 싹 나은 것입니다.

병을 치료하는 의사는 환자의 상태를 잘 관찰하는 것이 중요합니다. 이러한 개인 사정으로 인해 나는 동양의학이나 대체의료에 호감을 갖고 있습니다.

자, 이제 피부에 대한 평가에 이어서 경혈, 즉 세간에서 말하는 급소에 대해 이야기하겠습니다. 나는 이전의 저서에서 경혈을 피부만의 구조물이라고 말했습니다. 그러나 야노 박사에 의하면 경혈은 신경과 혈관, 림프관이 밀집된 부분이므로 더욱 입체적으로 파악해야 한다고 합니다.

가벼운 자극은 경혈의 표면인 표피에 전달되고, 강한 자극은 경혈의 깊은 곳에 있는 신경과 혈관에 전달됩니다. 따라서 침을 꽂는 깊이, 뜸의 열에 의한 온도 차이에 따라 응답 시스템이 다르므로 같은 경혈을 자극해도 다른 효과를 얻습니다.

다음으로 중요한 부분은 경혈을 연결하는 네트워크, 즉 경락입니다. 야노 박사는 이것 역시 입체적인 띠 모양의 형태를 가지고 있다고 말합니다. 심부에 경맥(經脈)이라는 라인이 있고 그 위에 근육의 경락인 경근(經筋), 그리고 가장 바깥의 표피층에 피부 경락이 있습니다. 심부에서부터 부채꼴 모양으로 퍼지는 띠 모양의 구조인 것입니다. 경맥, 경근, 그리고 피부의 세 부분은 서로 기가 통하여 상호작용을 하는데, 피부 자극 역시 심부의 경맥에 연결되어 몸 속에서 작용합니다.

뇌의 시상하부에 경혈이 있다는 연구(T. N. Lee, 1994년)가 있지만, 경락에 대한 구조적인 근거는 확실하지 않습니다. 현시점에서 경락은 피부와 말초신경계, 그리고 중추신경계의 상호작용으로 형성된다고 보는 것이 타당합니다.

나라교육대학의 나카타 사토시(中田?) 박사는 교토대학의 기타하타 히로유키(北畑裕之) 박사와 함께 나의 연구 결과(배양된 표피 세포인 케라티노사이트에 대한 칼슘이온의 파장)를 해석해준 분입니다. 케라티노사이트를 배양접시에 넣어두고 며칠 기다리면 세포가 분열 증식합니다. 그 일부를 공기에 노출시키면 칼슘이온이 상승하여 파도처럼 진동합니다.

이것을 해석한 결과에 의하면 결합진동자, 즉 스프링으로 연결된 저울추를 진동시킬 때 발생하는 패턴과 비슷합니다. 일부 세포에서도 일정한 패턴이 나타났으니, 실제 표피에는 더욱 질서 정연한 패턴이 있을 것입니다.

경락이 말초신경과 중추신경 모두에 밀접한 연관이 있음은 분명합니다. 세간에는 아직도 동양의학과 침구의학을 비과학적이라고 간주하는 경향이 있습니다. 서양의학과 달리 해부학적 메커니즘의 설명이 애매하다거나 개인적인 경험에 의한 치료법이라는 것이 그 이유입니다. 그러나 서양의학도 근본은 경험에서 비롯되었으며, 다양한 약물의 작용 메커니즘도 실은 가설에서 출발하는 경우가 많이 있습니다.

한편 원인이 있으므로 결과가 있다는 인과율적인 단순 사고로 치료법을 생각하기 때문에 여러 가지 문제가 생기기도 합니다. 신체에는 다양한 장기가 있고 각각 다른 생화학적인 반응을 하며 자기만의 독특한 역할을 수행합니다.

어딘가 이상이 생겼을 때 그곳에만 주목하여 국소적인 대응을 하면, 다른 부분에 생각지도 못한 부작용이 발생할 수 있습니다. 서양의학에서도 『실험의학 서설』을 저술한 19세기의 클로드 베르나르가 그 점을 명확하게 지적했습니다.

신체는 여러 가지 장기와 시스템이 상호작용하며 일정한 상태를 유지합니다. 일부에 변화가 일어나면 다른 부분에도 영향을 끼쳐, 생각지도 못하게 신체 전체에 커다란 변화를 줄 수 있습니다.

동양의학은 처음부터 그런 현상을 알고 있었으므로 신체 전체의 밸런스를 정상화시키는 데 치료의 주안점을 두고 있습니다. 물론 감염증이나 암처럼 지극히 국소적인 질환에는 서양의학의 전문적이고 부분적인 치료가 필요합니다. 그러나 알레르기처럼 만성질환이나 신경계, 순환기계와 같은 신체 전체의 시스템과 연관된 질환에는 동양의학처럼 판단하고 관찰하는 편이 효과적일 때도 있습니다.

야노 박사는 침구의학이 실제로 효과가 있음을 서양의학의 관점에서 다양하게 설명하고 있습니다. 그 중 담낭(쓸개)

[그림 11] 펜필드의 소인간(homunculus: 호문쿨루스)

캐나다 몬트리올대학의 와일더 펜필드 박사가 대뇌 감각영역의 크기를 신체로 재구성하여 소인간으로 만들었는데, 손과 얼굴이 눈에 띄게 크다.

에 작용하는 경혈들을 자극하면서 초음파로 담낭을 관찰한 실험이 매우 인상적이었습니다. 경혈마다 자극을 가했는데, 담낭 역시 특정한 경혈 자극에 의해 수축했다고 합니다.

동양의학의 범주에 포함되는 또 다른 불가사의한 현상 중에 O링 테스트가 있습니다(Bi-Digital O-ring Test). 이것은 오무라 요시아키(大村惠昭) 박사가 개발한 진단법으로 환자가 엄지와 검지로 동그란 원을 만듭니다. 이때 환자의 몸에 손을 대고 손가락 링에 걸린 힘을 조사합니다.

몸에 증상이 있는 장기 위에 손을 대고 환자의 링을 벌리면, 힘이 약해져 손가락이 벌어집니다. 이러한 이유는 대뇌의 감각처리 영역과 손이 밀접한 관계에 있으며, 몸의 표면과 장기가 서로 연결되어 있다고 설명할 수 있습니다.

오무라 박사는 80년대부터 정력적으로 임상연구를 하여 많은 학술논문을 발표했습니다. 처음 오링테스트 이야기를 들었을 때는 전혀 믿지 않았습니다. 그러나 나 자신이 직접 체험해보고 면밀하게 데이터를 검토한 후 생각을 바꿀 수밖에 없었습니다. 피부에 가벼운 자극을 줄 경우 그에 연결된 장기와 대뇌에도 똑같은 상호작용이 일어나게 됩니다.

경락과 장기, 그리고 뇌와의 연결을 생각해 봅시다. 나는 경락이 신경계, 순환기계와 마찬가지로 전신 제어 시스템으로서 중요한 역할을 한다고 생각합니다. 다세포생물 중에서도 포유류처럼 환경 변화에 민감하게 대처하는 생물은 체내 제어 시스템 뿐만 아니라 환경과 경계를 이루는 피부에도 온몸과 중추신경을 제어하는 정보 네트워크가 필요하기 때문입니다.

경락에 전기적으로 특이한 성질이 있다는 사실은 이미 설명했습니다. 인간의 경우 **전기적인 시스템 제어는 수정 단계에서부터 시작**됩니다. 선택받은 정자가 난자와 결합한 순간, 칼슘이온 파도가 난자 전체로 전달되며 퍼져갑니다. 이러한 전기 현상이 새로운 생명 탄생을 만드는 최초의 스위치 역할을 합니다.

그리고 점차 인체 형태가 잡혀가는 발생 단계에서 전기적인 장의 변화가 중요한 역할을 하여 경락, 경혈 시스템이 형성된다는 연구 결과도 있습니다(C. Shang, 2001년). 발생 단계부터 차례로 신경계, 감각기계, 순환기계가 형성되므로 체표면과 체내, 그리고 신경계를 연결하는 전기 시스템인 경락이 형성되는 것은 당연하다고 생각합니다.

동양의학, 그중에서도 침구의학에는 신경계와 함께 피부 기능을 해명할 필요가 있습니다. 그러나 이러한 관점에서 피부과학을 연구한 논문은 거의 없었습니다. 오로지 피부만을 연구하다보면 전체적인 맥락을 모르기 때문입니다. 최근 침이 피부 속의 말초신경에 작용한다는 논문이 발표되었습니다(C. P. Carlsson, 2006년). 피부과학이 침구의학을 주목하기 시작한 증거라고 볼 수 있지만, 이것 역시 시종일관 피부만을 대상으로 연구하고 있습니다.

동양의학의 관점에서 피부과학을 연구하기 위해서는 항상 다른 장기나 뇌와의 연관성을 함께 생각하지 않으면 안 됩니다. 이것은 연구의 전문화, 세분화를 특성으로 하는 현대과학에서는 매우 곤란한 작업입니다. 그러나 통합적인 연구는 동양의학과 서양의학이라는 두 가지 커다란 지식체계를 융합시켜, 서양의학에서 난치병으로 여겨지는 다양한 질환으로부터 많은 사람을 구하는 계기가 될 것이 틀림없습니다.

| 피 부 의 초 능 력 |

초능력은 자연과학에서는 이단자로서 취급을 받고 있습니다. 기초의학, 생명과학 계통의 과학자가 모이는 곳에서는 동양의학을 입에 담는 것조차 꺼리는 사람들이 많습니다. 일반적으로 일본의 대학과 공공연구기관의 연구자들은 연구예산을 얻기 위해 문부과학성에 연구비를 신청합니다.

그런데 기(氣) 연구와 같은 비과학적인 주제를 신청하면 연구비를 받을 수 없습니다.

하지만 학회에서 저명한 교수 중에 기(氣)나 텔레파시의 존재를 어느 정도 믿는 분들이 의외로 많습니다. 피부과학 연구자 중에서는 아직 본 적이 없지만 신경계나 뇌 연구자 중에는 가끔 기공의 존재를 믿는 신봉자들도 있습니다.

다른 사람이야 어찌 되었건, 나의 경우도 이 주제로 글을 쓰면 이상한 사람으로 간주될 수 있습니다. 그러나 나는 이제 일본 국내학회에는 거의 참가하지 않으며, 의사들만 참여하고 있는 피부 관련 학회에서도 화장품회사 연구원은 처음부터 이단으로 취급받고 있습니다.

나는 오컬트 신봉자의 '세상에는 과학으로 풀 수 없는 것들이 존재한다'는 신비주의적인 입장에는 동의하지 않습니다. 현대과학은 아직 발전 과정에 있으며, 기본적으로 실험과학을 토대로 하는 서양과학의 방법과 체계가 합리적이라고 믿기 때문입니다.

물론 앞으로도 현대과학이 수용하기 힘든 발견과 이론들이 많이 나올 것입니다. 그것들은 과학적인 인식의 틀 자체를 확장시키거나 변형시키면서 과학적인 증거를 통해 진위 여부가 가려질 것입니다. 뉴턴 이래 고전역학의 불완전함으로부터 양자론이 탄생된 것처럼, 패러다임의 변혁은 있을지언정 정통 과학의 체계 자체는 결코 부정되지 않을 것입니다.

어쭙잖은 신비론보다 과학이 훨씬 감동적인 신비로움을 가지고 있습니다. 비트겐슈타인은 『논리 철학 논고』에서 '경이로운 것은 세계가 어떻게 존재하는지가 아니라, 세계가 존재한다는 것이다'라고 했습니다.

뒤에 이야기하겠지만 텔레파시 같은 신비한 현상은 인정하지만, '생각으로 물체를 움직이는 염력'은 과학적인 근거가 없으므로 믿지 않습니다. 후자는 에너지보존의 법칙에 맞지 않기 때문입니다.

에너지보존의 법칙은 다양한 현상이나 사상에서도 예외 없이 들어맞습니다. 여기서 '예외 없이'라는 말은 '염력'이라는 말보다 훨씬 경이롭습니다. 만약 예외가 있었다면 에너지보존의 법칙으로 설명된 수천, 수만 가지 현상 가운데서도 여러 가지 이상한 현상들이 나타났을 것입니다. 그러나 아직 그러한 예는 없습니다.

나도 힘을 주지 않고 숟가락을 휠 수 있습니다. 어느 날 손장난을 하면서 두꺼운 숟가락을 만지작거리고 있었는데, 갑자기 손잡이 부분이 부드러워지면서 손가락 하나로 구부러뜨린 적이 있습니다. 내가 만지작거리는 동안 손잡이의 비교적 약한 부분에 금속 피로가 일어났기 때문입니다. 손에 초능력이 있다고 생각하는 분들은 계속적인 압력으로 변형되는 금속이 아니라, 단단한 나무나 유리막대를 한 번 구부려 보시기 바랍니다.

나는 어디까지나 '과학의 틀' 안에서 신비로운 동양의학과 초능력을 이야기하겠습니다. 내가 초능력을 다시 한 번 생각하게 된 계기는 '암묵지(暗默知)'라는 개념을 접하고부터입니다. 시모조 신스케(下條信輔) 박사의 저서(『서브리미널 마인드』中央公論社, 1996년)를 통해서 암묵지를 알게 되었습니다.

전통적인 기능이나 스포츠, 무도의 숙련자들은 일반 사람이 도저히 할 수 없는 어려운 기술을 보여줄 수 있습니다. 그런데 그것을 제3자에게 말로 표현할 수 없는 경우가 있습니다.

피부 감각이나 체성 감각에서 유래한 암묵지가 유난히 중요한 역할을 하는 예가 스모(相撲: 일본의 국기(國技)인 씨름 - 옮긴이)입니다. 한자 그대로 피부와 피부가 서로 부딪칩니다. 유도나 권투와는 달리 몸무게의 차이를 고려하지 않습니다. 몸집이 작은 씨름꾼이 덩치 큰 씨름꾼을 멋지게 내던지기도 합니다.

훌륭한 씨름꾼은 경기 시작 후 대결 자세를 취할 때, 자신의 샅바를 잡은 상대의 손과 접촉한 피부를 통해 상대방 몸의 중심의 미묘한 변화와 순간적인 힘, 주의력이 산만해지는 틈을 헤아려 순식간에 적절한 공격을 합니다. 정(靜)에서 동(動)으로의 극적인 변화는 몸집이 커다란 씨름꾼을 한 순간에 내동댕이칩니다.

이러한 정보 인식부터 동작으로 이어지는 과정은 가장 짧은 경로를 통해 일어납니다. 언어중추 영역을 거쳐야할 시간적인 여유가 없습니다. 때문에 승리자는 인터뷰에서 '열심히 했을 뿐입니다' 또는 '아무 생각이 없었습니다' 정도로 밖에 표현할 수 없는 것입니다. 훈련에 의해 축적된 체성감각의 암묵지를 말로 표현하지 못하는 것은 당연합니다.

역사에 남을 훌륭한 요코즈나(일본 씨름의 천하장사 - 옮긴이) 후타바야마가 사실은 오른쪽 눈의 시력이 거의 없었다는 일화는 유명합니다. 순간의 다치아이(쪼그리고 앉아 있다가 벌떡 일어나는 동작 - 옮긴이)에서 상대와의 거리를 눈으로 볼 수 없었던 그는 필시 시각 외의 감각을 총동원하여 상대방에 대한 정보를 파악했을 것입니다. 어쩌면 스모 자체가 시각 외의 다른 감각의 기술인지도 모릅니다.

말로 표현할 수 없는 것에 대해 사람들은 침묵할 수밖에 없습니다. 굳이 이야기하지 않는 이유는 언어로 표현할 수 없기 때문입니다. 그러나 언어로 표현할 수 없는 인식과 지각이 실제로 존재한다는 사실은 시모주 박사 외에도 라마찬드란(V. S. Ramachandran) 박사가 쓴 『라마찬드란 박사의 두뇌 실험실』을 통해 놀라운 사례들을 밝혀주고 있습니다.

이를 과학적으로 밝혀내면 수많은 초자연 현상이 과학의 연구 대상이 될 것입니다. 앞서 말했듯이 뇌 연구자 중에 초자연 현상을 완전히 부정하지 않는 이유는 그들에게 있어 암묵지의 개념이 상식이기 때문입니다. 피부 감각이 암묵지가 되는 경우도 많습니다. 이것은 피부 감각에서 유래한 초능력이 어느 정도 존재한다는 사실을 의미하고 있습니다.

| 눈 이외의 시각 |

메이지침구대학의 야노 타다시(矢野忠) 박사로부터 들은 이야기가 있습니다. 야노 박사는 예전에 시각장애자 학교에서 근무했습니다. 갓 부임해서 학생들이 운동회를 하는 것을 보고 처음에는 깜짝 놀랐다고 합니다. 시각이 전혀 없는 학생들이 단거리달리기나 멀리뛰기에서 코스를 벗어나지 않고 똑바로 달리거나 발판을 정확히 밟고 뛰는 경이로운 현상을 목격했던 것입니다.

물론 시각장애자가 진로를 막는 장애물을 피하거나 갈림길에서 멈춰서야 한다는 사실 정도는 누구나 알고 있습니다. 보통 시각에 장애가 있는 경우, 그것을 보완하기 위해 다른 감각, 예를 들어 청각이 발달하여 발자국 소리의 반향이나 주위 여러 가지 소리의 울림 등으로 장애물을 인식합니다.

야노 박사의 이야기는 계속되었습니다. 어느 순간 선수들에게 머리띠를 두르게 했습니다. 그런데 머리띠를 하자마자 갑자기 선수들이 코스에서 벗어나고 스피드를 내지 못해 경기 자체를 할 수 없게 되었습니다. 박사가 그들에게 이유를 물어보았더니, 설명할 수는 없지만 이마로 사물을 보고 있었는데 머리띠를 하니까 '보이지 않게 되었다'고 말했다는 것입니다.

그 학교의 시각장애자 선수들은 이마로 무언가를 느끼고 있었습니다. 시모조 신스케(下條信輔) 박사의 해석에 의하면, 시각 장애자 선수들이 볼 수 있는 이유는 발소리의 반향음을 통해 평범한 사람은 의식하지 못하는 높은 주파수 소리를 인식하기 때문입니다. 따라서 선수들이 이마로 느낀다고 생각하는 것은 자신도 알지 못하는 지각을 이마의 긴장으로 파악한다는 것입니다. 그렇다면 머리띠의 작용은 어떻게 설

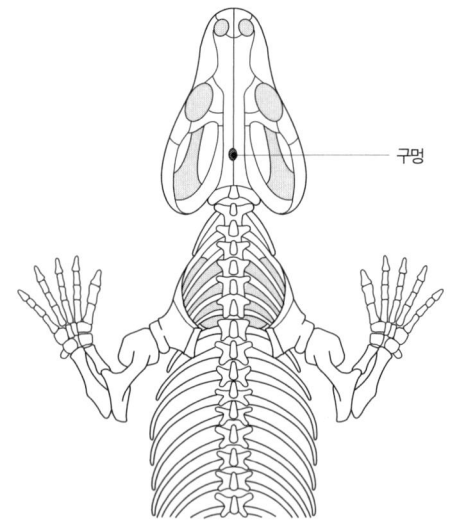

[그림 12] 제3의 눈

파충류나 양서류의 두개골 머리 위쪽에는 구멍이 있다. 이 구멍을 통해 빛이 전달되어 뇌의 송과선으로 연결된다.

명할 수 있을까요?

  시차로 인해 생활 리듬에 이상이 생겼을 경우 아침에 강한 빛을 비춰서 서카디안 리듬(Circadian rhythm, 생물의 생체주기 리듬)을 교정하는 치료 방법이 있습니다. 이것은 선천적인 시각장애자에게도 효과가 있습니다.

  이와 관련하여 뇌 속의 송과선이라는 기관이 빛을 느낀다는 재미있는 이론이 있습니다. 뉴질랜드에는 원시파충류인 투아투라(Tuatura) 도마뱀이 살고 있습니다. 이 도마뱀은 세 개의 눈을 가진 도마뱀으로 유명합니다. 빛이 머리 위의 비늘을 통과하여 그 아래 두개골에 있는 구멍을 통해 송과선에 도달하면 빛을 느낄 수 있다고 합니다. 투아투라 도마뱀뿐만 아니라 일반 도마뱀에도 두개골에 구멍이 있으므로 파충류에게는 빛을 느끼는 제3의 눈이 존재할 가능성이 있습니다.

  그러나 인간의 두개골에는 구멍이 없습니다. 또한 송과선도 훨씬 깊은 곳에 있습니다. 인간의 송과선은 멜라토닌을 합성하는 기능이 있습니다. 멜라토닌은 피부를 검게 만드는 호르몬입니다. 리마 드 파리어(Antonio Lima de Faria)가 쓴 『선택없는 진화』에 의하면 송과선이 한때는 광수용 시스템이었는데, 피부의 광감수성을 조절하는 기능으로 바뀌었다고 합니다.

과연 '이마의 눈'은 과학적인 근거가 있는 사실일까요? 이마의 눈을 떠올리면 인도의 신이 생각납니다. 모든 것을 태워버리는 제3의 무서운 눈이 바로 시바신의 이마에 있기 때문입니다. 요가에서 말하는 차크라는 경혈처럼 장기와 연결되는 점인데, 그 중 하나가 이마에 있습니다.

불상 중에도 여래와 보살에는 이마에 콕 찍혀있는 둥근 점이 보입니다. 이것을 '백호(白毫)'라고 부르는데, 미간에서 나온 털이 둥글게 된 것입니다. 여기에서 빛을 낸다고 전해지므로 수정을 박아 넣기도 합니다.

이마에서만 빛을 느끼는 것은 아닌 모양입니다. 유명한 과학잡지 『사이언스』에서는 몸의 앞부분을 가린 채 무릎 안쪽에 강한 빛을 쏘였더니, 얼굴에 빛을 쏘였을 때와 같은 효과를 얻었다는 연구가 있었습니다(Cmpbell & Murphy, 1998년). 논문의 저자에 의하면 피, 그중에서도 적혈구의 붉은 헤모글로빈이 빛을 수용하는 작용을 한다고 합니다.

헤모글로빈은 화학적으로 특이한 포르피린 고리 구조를 갖고 있습니다. 이와 비슷한 화합물에는 식물이 광합성을 할 때 작용하는 광수용 분자 클로로필이 있습니다. 빛을 쪼이는 곳으로 무릎 안쪽을 선택한 이유는 무릎 안쪽에 커다란 혈관이 도드라져 있기 때문이라고 합니다.

그런데 앞서 이야기했듯이 인간이 사물을 구분하기 위해 이용하는 빛으로서의 가시광선은 외부의 색깔에 따라 피부의 방어 기능에 서로 다른 영향을 줍니다(제1장 색을 식별하는 피부 참조). 아직 정확한 메커니즘은 알 수 없지만, 신경이나 혈관이 연관되지 않은 것은 확실합니다. 이것은 표피 또는 피부 어딘가에 자외선뿐 아니라 가시광선을 느끼고 색의 차이를 구별하는 시스템이 있다는 것을 뜻합니다.

일반적으로 빛을 통해 드러나는 형상의 대표적인 곳은 얼굴입니다. 신체에서 빛에 가장 민감한 피부 부위는 얼굴일 것입니다. 처음에 말했던 시각장애자 선수들 얘기로 돌아갑시다. 그들은 운동회에서 코스의 방향을 태양광선의 각도에 따라 인식하고 있었는데, 이마에 두른 머리띠가 빛을 차단했습니다. 그들은 이마에서 빛을 느끼지 못해 방향을 잃어버렸던 것입니다.

'이마의 눈'은 옛날부터 잘 알려진 이야기인데다 과학적인 검증을 통해 오컬트로 취급받지는 않습니다. 그러나 손끝으로 글자를 읽는 능력이나 손바닥으로 색을 식별하는 능력에 대해서는 완전히 무시되고 배제되어 있습니다.

피부는 색을 구별한다. 다시 말해 파장이 다른 빛(전자파)은 피부에 서로 다른 작용을 한다는 것이 밝혀졌습니다. 지금이야말로 이러한 현상들을 과학의 대상으로 연구해야할 시기가 아닐까요. 단순히 우리의 호기심을 만족시키기 위해서가 아니라, 시각 장애를 가진 사람들에게 문자 그대로 한 줄기 '빛'을 가져다주기 위해서 말입니다.

| 감정(鑑定)의 본질 |

나는 사실 '감정(鑑定)'이라는 단어를 좋아하지 않습니다. 피부 감각은 우리가 생각하는 것보다 훨씬 섬세하고 미세한 것까지 인식하고, 아주 복잡한 고차원적인 정보까지 식별하기 때문입니다. 천재적인 기공사(技工士)는 마이크로 단위의 비뚤어짐을 '알아보는' 것이 아니라 '만져서 판별'합니다. 두 가지의 예를 들어보겠습니다.

시라스 마사코(白洲正子)는 훌륭한 수필가이며 요미우리문학상을 수상한 문학가로 빛나는 분입니다. 그런데 그녀는 어떤 물건들을 감정(鑑定)하는 데 있어 매우 뛰어난 재능을 갖고 있습니다. 시라스의 우인이었던 고미술평론가 아오야기 케이스케(靑柳惠介)가 흥미로운 일화를 소개했습니다.

시라스가 백내장으로 시력을 거의 잃어 수술을 받기 위해 입원했습니다. 아오야기는 병문안을 갈 때 마침 네고로 칠

(根來塗: 네고로사라는 절에서 사용한 붉은 칠 기법으로 매우 섬세하다 - 옮긴이)로 된 쟁반을 가지고 갔습니다. 좀 보여달라는 시라스에게 아오야기는 그 쟁반을 건네주었습니다. 그녀는 쟁반을 만져보면서 "이거 좋은 거네. 그런데 좀 이상하지 않아?"라고 말했습니다. 아오야기는 깜짝 놀라며 입 밖에 내지는 않았지만 '눈도 잘 보이지 않는데 무엇을 말하는 걸까?'라고 생각했습니다. 그러나 왠지 마음에 걸려 나중에 감정을 의뢰했더니 '좋지 않은 물건'이었다고 합니다.

시라스는 훌륭한 도예작품은 장롱에 넣어두고 감상만 할 것이 아니라, 실생활에서 사용해야만 비로소 그 가치를 알 수 있다는 신조를 가지고 있었습니다. 일상적인 식사나 저녁 반주에서 오리베(織部: 모모야마 시대에 세토에서 구워낸 다기용 도자기 - 옮긴이) 접시나 오래된 가라쓰 도기(唐津燒: 일본 사가현 가라쓰시 일대에서 생산된 도자기 - 옮긴이)인 구이노미(운두가 높은 술잔이나 찻잔 - 옮긴이)를 사용했습니다.

그녀는 어려서부터 문인인 호소가와 후지타카(細川藤孝)의 자손 호소가와 모리타쓰(細川森立)의 호의로 호소가와 가문에서 대대로 전해 내려오는 미술품들을 직접 만지면서 자랐습니다. 성장한 후에도 아오야마 지로(근대 일본의 미학자 - 옮긴이)의 지도 아래, 다양한 작품을 만지며 암묵지(暗默知)로 진위를 구별하게 되었습니다. 암묵지는 말로 표현할 수가 없습니다.

또 한 가지의 예는 나의 개인적인 체험입니다. 나는 몇 년 전부터 우울증에 시달리고 있습니다. 휴직과 외기공 치료로 상태가 상당히 개선되었지만, 이따금씩 찾아오는 답답함과 불면증으로 오랫동안 고생했습니다. 그러던 어느 날 앞서 말한 야노 박사와 만나게 되어, 내가 사는 요코하마에 우울증 치료를 잘하는 침구원이 있는지 물어보았습니다. 야노 박사는 바로 임상심리사와 침구사 자격증을 가진 선생을 소개시켜 주었습니다.

처음 치료원을 방문했을 때의 일입니다. 나의 병력을 물은 뒤 선생은 "이제 맥을 볼까요" 하면서 나의 두 손목에 가볍게 손을 대었습니다. 잠시 후 "당신의 맥에서 억압된 분노가 느껴집니다" 라는 선생의 말에 나는 매우 놀랐습니다.

그 무렵 어느 외부 연구자와 갈등이 있었지만 형편상 말을 꺼낼 수 없는 상황이었기 때문입니다. "그것을 어떻게 알았습니까?" 라고 묻자, 시라스 마사코처럼 미소지으면서 "뭐, 느낌으로 아는 것입니다"라는 이상한 대답이 돌아왔습니다.

흥미를 느끼고 동양의학 교과서를 찾아보니 '맥진(脈診)'

은 가장 중요한 진단법의 하나였습니다. 쉽게 말해서 맥을 느끼기 위해 접촉하는 부위를 조금씩 바꿔가며 손의 압력을 바꾸는 것입니다. 간단한 순서도 나와 있었습니다. 그 후 선생에게서 배우고 있는 연수생에게 맥을 짚어 달라고 부탁했습니다. 젊은 연수생은 내가 책에서 읽은 순서대로 맥을 찾았습니다.

그러나 선생은 언제나 조금 대듯이 만지기만 할 뿐이었습니다. 그러면서도 언제나 적중했습니다. 역시 피부 감각을 통한 암묵지인 것입니다. 맥의 미묘한 강약, 눌렀을 때의 변화, 맥박, 피부온도 등 여러 가지 정보가 손가락 끝에 입력됩니다. 그 정보들은 서양의학의 검사처럼 숫자로 표현되는 것이 아닙니다. 언어로 표현할 수 없습니다. 무의식중에 정보가 조합되어 결론을 이끌어내는 것입니다. 그 과정을 굳이 수학적으로 보자면, 앞에서 이야기한 비선형 방정식에 비유할 수 있습니다.

동양의학은 X선이나 CT스캔도 없는 고대 중국에서 오로지 임상실험을 거듭하며 성립되었습니다. 당연히 환자의 외견을 철저히 관찰하는 힘과 피부를 만지고 눌러서 내장 질환을 간파하는 기술이 축적되었을 것입니다. 신체는 이른바 복잡계입니다. 반드시 하나의 원인이 하나의 결과로만 나타나는 것은 아닙니다. 상황에 적절한 정보를 골라내어 판단하는 능력은 수많은 경험을 통해서 이루어졌을 것입니다.

초자연 현상 중에 사물을 만져서 내력을 아는 것이 있습니다. 이는 눈에 보이지 않는 정보를 피부 감각을 통해 얻는 것입니다. 앞서 말했듯이 우리는 아주 단순하게 만든 요철이 있는 홈을 만들었습니다. 손끝이 민감한 사람만 불쾌하다고 느끼는데, 여자는 거의 모두 알아차렸습니다. 그러나 한층 더 미세한 정보는 경험을 쌓거나 천성적으로 민감한 사람만 알 수 있습니다.

예술가에게는 의식의 표상에 나타나지 않는 어떤 것을 감지하는 재능이 필요합니다. 나의 친구 나카무라(中村成一)는 훌륭한 사진가입니다. 특히 빛의 움직임이 얽혀 펼쳐지는 순간의 움직임을 포착하는 재능이 뛰어납니다.

그가 베트남에 가족여행을 떠났을 때의 일입니다. 맛있는 요리와 아름다운 자연을 만끽하는 여행 도중, 그는 신기한 체험을 합니다. 어느 곳에선가 베트남 전쟁 기념비를 방문했을 때입니다. 갑자기 가슴에 알 수 없는 통증이 일어나서, 결국 서둘러 돌아왔다고 합니다. 통증이 상당히 강렬했던 모양인지, 여행에서 돌아온 나카무라가 나에게 긴 메일을 보냈습니다. 그는 자신의 경험과 함께 음악가 오에 히카리

(大江光)가 히로시마 원폭 돔 앞에서 갑자기 심하게 망설인 것을 예로 들면서, '많은 사람들이 무참하게 죽어간 장소에는 무엇인가 눈에 보이지 않는 흔적이 남아있는 것은 아닐까'라고 썼습니다.

나는 내세나 영혼의 존재는 믿지 않습니다. 그러나 인간의 본질과 관계된 비극이 일어난 장소나 공간에는 격렬한 영혼의 흔적이 남아 있다고 생각합니다. 그것은 냄새 또는 시공간의 전기장, 자기장처럼 시각화할 수 없는 현상으로 남아 있습니다.

감각이 예민한 사람만이 말로 할 수 없는 격렬한 느낌을 독자적으로 표현하여 예술로 승화시키는 것입니다. 시공을 초월하여 사람들에게 감동을 주는 작품을 만드는 사람에게는 분명 이러한 재능이 있다고 믿습니다.

| 기 란 무 엇 인 가 |

병(일본에서는 病氣라고 씀 - 옮긴이), 원기(元氣), 천기(天氣)등 기라는 글자를 사용한 단어는 많이 있습니다. 고대에는 눈에 보이지 않는 에너지나 정보의 흐름을 통틀어 '기'라고 불렀습니다. 근대과학이 성립하고 나서야 공기, 전기, 자기처럼

기의 실체가 명확해졌습니다.

현대에서 특별 취급하는 '기'는 고대로부터 그 존재는 인정하지만 아직 정체가 밝혀지지 않은 현상들이 많습니다. 기공에는 외기공(外氣功)과 내기공(內氣功)이 있습니다. 기공사에게 치료받는 것처럼 다른 사람의 기를 이용하는 것이 외기공이고, 태극권처럼 스스로 기를 조절하는 것이 내기공입니다.

지금 내가 기분(氣分)에 신경을 쓰는 이유는 외기공의 기(氣) 때문입니다. 우울증을 치료하기 위해 다닌 외기공 치료원에서는 환자의 몸을 금으로 된 막대기로 마찰하는 시술을 하고 있었습니다. 효과가 뚜렷해서 수면제로는 전혀 듣지 않았던 내가 시술 중 깊은 잠에 빠졌습니다. 뿐만 아니라 다음날 아침에는 기력(氣力)이 넘쳐흘렀습니다. 그 비밀은 금에 있습니다. 일반적으로 다른 금속은 공기 중에서 금방 산화피막이 생깁니다. 그러나 금은 산소와 결합하지 않는 순수한 전기 전도체입니다.

나는 피부 방어막을 셀로판테이프로 파괴한 후 금으로 만든 얇은 판자를 올려놓아 보았습니다. 그러자 방어막이 빠르게 회복되었습니다. 이것을 이바라키대학의 구마자와 노리유키(熊澤紀之) 박사에게 말했더니, 그는 '피부 위에 금박을 올려놓고 전선을 접지해 보세요'라고 말했습니다. 전기가 방출되자 효과가 사라졌습니다. 금과 피부와의 접촉면에는 전자기장이 형성됩니다. 이것이 피부와 내부 세포, 그리고 신경에 작용하여 나를 우울증에서 구해준 외기공 메커니즘인 것입니다.

직접 체험하지는 않았지만 기공사가 멀리 있는 환자에게 기를 보내어 치료하는 외기공도 있습니다. 이 현상에 대해 솔직히 반신반의였지만, 야노 박사로부터 다음과 같은 실험에 대한 이야기를 들었습니다.

눈을 가린 피험자를 방에 앉혀 둡니다. 거기에 기공사가 한 사람씩 들어가서 피험자의 등에 기를 보내고 나옵니다. 그 동안 피험자의 뇌파나 심박, 혈압을 계속해서 모니터합니다. 그런데 그들 기공사 가운데 진짜 기공사는 한 사람 뿐입니다. 나머지는 가짜이며 평범한 일반인입니다. 단지 피험자는 그것을 모르고 있을 뿐입니다.

실험 결과는 명료했습니다. 가짜 기공사에게는 반응이 없던 피험자가 진짜 기공사의 기에 뚜렷하게 생리적인 응답을 보인 것입니다. 이에 대한 해석은 어렵지만, 침구나 앞서 말한 피부를 마찰하는 시술이라면 몇 가지 가설을 세울 수 있습니다. 중요한 것은 시술자와 피험자 사이의 공간을 통해 무엇인가가 전파된 것입니다.

전기장, 자기장, 적외선 같은 전자파를 생각할 수 있습니다. 우선 시간에 상관없이 일정한 강도를 가진 자기장은 상당히 강해야만 생명체에 작용합니다. 인간은 그렇게 강한 자기장을 형성할 수 없습니다. 다음은 적외선, 즉 열입니다. 이것은 기공사가 아니라도 적외선 램프를 환자에게 비추는 것만으로도 충분합니다. 그러나 적외선으로 뇌파의 극적인 변화는 일어나지 않습니다.

이제 남은 것은 전기장입니다. 이것도 역시 성립하기 힘든 가설입니다. 전기장을 공기 중에 방출하려면 아주 강해야 하기 때문입니다. 라디오나 텔레비전 방송국이 내보내는 것 같은 강한 전자파를 인간이 만들 수는 없으니까요.

나는 실험실에서 흥미로운 현상을 발견했습니다. 미약한 전기장을 감지하는 기계를 작동시켰을 때의 일입니다. 1~2미터 떨어진 곳에서 신체를 움직였는데 기계가 전기장의 변화를 나타냈습니다. 사람이 움직이자 미약한 전위 변화가 생긴 것입니다.

패러데이의 실험이 생각납니다. 패러데이의 실험에서는 자석을 코일에 가까이 대자 코일에 전기가 흘렀습니다. 자석과 코일과의 거리는 그리 멀지 않았습니다. 그런데 사람과 기계 사이에는 1~2미터나 떨어져 있는데도 같은 현상이 일어난 것입니다.

피부의 전파 발신을 나타내는 또 다른 현상은 배양접시 속에서 관찰되었습니다. 사람의 표피 세포를 배양하여 세포 속의 칼슘이온 농도를 관찰했더니 파동이 보였습니다. 1분간 몇 번 정도의 느린 진동이었습니다. 저주파는 다양한 차폐물을 투과할 수 있으며, 근섬유 같은 생체에도 작용합니다.

공기의 저주파 진동인 저주파음은 가끔 인체와 공명하여 생리적인 영향을 끼친다고 합니다. 다양한 전기 장치를 만들고 실험한 니콜라 테슬라가 만든 진동판에 서 있던 사람들은 모두 설사를 일으켰다고 합니다. 아마 인체 내부에서 대장이 움직일 때의 주파수와 진동판의 주파수가 공명했기 때문일 것입니다. 그러나 전자파와 음파가 인체에 작용하여 영향을 준다는 연구 결과에는 아직 뚜렷한 견해가 없는 상황입니다.

| 텔레파시와 이심전심 |

텔레파시도 앞서 이야기한 기와 관계가 있습니다. 뇌와 신경을 연구하는 과학자 중에는 그 존재를 긍정하는, 적어도 부정하지 않는 사람들이 상당히 많습니다. 소뇌 연구의 세계적 권위자로 문화훈장 수상자인 이토 마사오(伊藤正男) 박사도 그의 저서에서 텔레파시의 존재를 부정할 수 없다고 밝혔습니다(『뇌의 불가사의』이와나미 과학 라이브러리, 1998년).

텔레파시를 전기 현상이라고 가정해 봅시다. 오늘날 분자 생물학의 발전을 가져온 PCR(유전자를 화학적으로 증폭시키는 방법)을 발명하여 노벨화학상을 수상한 마리스 박사는 자서전을 통해 자신의 텔레파시 실험에 대해 쓴 적이 있습니다.

먼저 마리스 박사는 자신의 피부 전위를 자유롭게 변화시킬 수 있다는 사실을 발견했습니다. 전압을 올리면 아무것도 생각하지 않는 명상상태가 됩니다. 쉽지는 않겠군요. 그러나 전압을 내리는 것은 간단합니다. 플레이보이 잡지의 누드 사진을 보면 급강하합니다.

마리스 박사는 무선조종 자동차에서 송신기와 수신 장치를 떼어냈습니다. 송신기에 증폭장치를 넣어 자신의 피부에 접속시킨 다음, 수신 장치는 이웃 집 전등에 매어 두었습니다. 그리고 이웃 사람들과 간호학교 여학생들을 모아놓고 누드 사진을 보는 것만으로 이웃집의 전등을 켰다 껐다 해서 큰 박수갈채를 받았다고 합니다(『마리스 박사의 기상천외한 인생』, 2000년). 미국인 친구에게 들은 이야기로는 어느 권위 있는 학회의 강연에 초대받아서 누드 사진 슬라이드로 강연을 했다고 합니다. 그때 강연 제목은 과연 무엇이었을까요.

피부 전위가 사람의 감정에 의해 변한다는 것은 이미 설명했습니다. 마리스 박사의 실험은 지극히 당연한 현상입니다. 나의 실험에서는 놀라거나 스트레스를 느낄 때 전위가 올라갔습니다. 마리스 박사처럼 항상 두뇌를 회전시키는 사람에게는 아무것도 생각하지 않는 것이 스트레스일 것입니다.

그의 자서전을 읽어보면 여자들과의 스캔들이 많았습니다. 이에 근거하여 추측해보면 마리스 박사는 필시 아름다운 여자를 보았을 때 호르몬 분비나 신경활동의 변이가 평범한 사람보다 컸으리라 상상됩니다. 호르몬이나 신경펩티드는 피부의 전위를 변화시키기 때문입니다.

박사의 실험과 텔레파시의 차이는 피부 전위의 증폭기, 송신기, 그리고 수신기가 있고 없음의 차이일 뿐입니다. 송신기와 같은 기계를 사용하지 않고 전자파를 방출하고 수신하는 것이 텔레파시라고 생각합니다.

나의 경험에 의하면 사람의 움직임이 일으키는 전기장에 의해 공기 중으로 전파되는 범위는 1~2미터 정도입니다. 나는 최근 전위 감수성 이온채널, 즉 전기를 느끼고 세포를 흥분시키는 분자를 표피 세포에서 발견했습니다. 이것이 공기

중으로 전파되는 전기장의 변화를 일으킬지는 알 수 없습니다. 하지만 중요한 것은 다양하고 비슷한 분자들이 온몸의 표피에 있을 가능성입니다. 만일 그렇다면 체표면 전체가 전자기장을 받아들인다는 것입니다. 외부의 전위 변화를 감지하는 수신기로서는 이보다 좋을 수는 없을 것입니다.

마리스 박사의 실험을 지나친 장난으로 여기는 사람도 있습니다. 그러나 나는 실용적인 면에서 커다란 가능성을 보았습니다. 신체에 장애가 있는 사람에게는 피부 전기의 변화로 전기 스위치를 작동시킬 수 있는 장치가 큰 도움이 될 것이기 때문입니다.

피부 전위에 대한 연구가 더욱 진전되어 미세한 전위 변화를 외부 보조 시스템에 응용하면 운동능력 장애를 극복할 수 있는 다양한 기구 개발이 가능할 것입니다.

텔레파시를 체표면의 전파 발신과 수신이라고 생각하면 자연계에서도 그 예가 얼마든지 있습니다. 식물이나 어떤 물고기는 레이더처럼 전기적인 시스템으로 자신의 주변을 관측합니다.

'약전기어'라는 물고기는 자기 몸 주변에 전기장을 만듭니다. 작은 물고기가 다가오면 전기장이 변화되는 것을 알아차리고 덮칩니다(G. von der Emde, 2006년). 식물 뿌리도 밑동에서부터 전류에 의해 만들어진 전기장을 통해 성장에 방해가 되는 돌 같은 장애물을 피해서 성장합니다(M. Souda, 1990년).

위의 예는 모두 전기가 통과하기 쉬운 물에 의한 전기장을 이용한 것이므로, 전기가 통과하기 어려운 공기 속에서 사람에게 그대로 적용시킬 수는 없습니다. 그러나 인간의 피부도 전기장을 만들면서 무언가를 느끼는 것은 분명합니다. 텔레파시의 존재가 명확하지 않은 상태이므로 어디까지나 상상에 불과하지만, 피부의 전기 작용과 원리를 헤아려보면 이와 같은 공상도 아주 재미있습니다.

第三の腦 :: 제5장

피부가 만드는 사람의 마음

| 환경과 피부 |

피부는 외부 환경과 신체가 상호작용하는 접점입니다. 환경이 몸과 마음에 영향을 준다는 사실은 의심할 여지가 없습니다. 이 장에서는 피부 상태가 마음에 끼치는 영향을 생각해 보겠습니다. 우선 환경이 피부에 주는 영향부터 이야기하겠습니다.

화장품 업계에서는 오랫동안 '건조와 스트레스는 피부의 적'이라고 부르짖고 있습니다. 병원에서도 피부에 습기를 주는 약제를 처방해줍니다. 그러나 건조와 스트레스가 왜, 어떻게 나쁜지 자세히 아는 사람은 많지 않습니다.

90년대 후반에서야 겨우 일련의 실험 과학을 통해 건조가 피부에 주는 작용이 밝혀졌습니다. 계절 변화가 심한 일본에서는 습도 차이가 매우 큽니다. 비가 많은 계절에는 습도가 80퍼센트 이상이지만 겨울에는 단지 몇 퍼센트 정도의 습도를 기록하기도 합니다.

건조한 환경(10% 이하의 습도)에서 피부는 처음 12~48시간 동안 다양한 자극에 민감해집니다. 습도 40~70%에서는 계면활성제나 알레르기를 일으키는 물질에 의해 방어막이 약간 파괴되는 정도 외에 큰 변화가 없습니다. 그러나 10% 이하의 습도가 계속되면 피부는 염증이나 알레르기 반응 같은 큰 변화가 일어납니다. 더 자세히 살펴보면 건조한 환경에서는 표피 안에 염증을 일으키는 사이토카인과 면역 기능을 담당하는 랑게르한스 세포가 늘어납니다. 가려움을 유발하는 물질인 히스타민의 양도 증가합니다.

재미있는 것은 건조한 환경에서 일주일 정도가 지나면, 각질층 방어막이 두꺼워진다는 사실입니다. 이것은 피부가 환경에 적응했다는 증거입니다. 펜을 자주 쥐면 굳은살이 박이는 것과 같습니다. 계속해서 자극을 받으면 피부는 각질층을 두껍게 하여 그 자극으로부터 피부의 내부를 보호하는 것입니다.

습도 변화가 느리면 적응도 순조롭게 진행되지만 오랫동안 높은 습도(80% 이상)에 있던 피부가 갑자기 10% 이하의 습도에 노출되면 각질층의 방어막 기능이 일시적으로 파괴됩니다. 자연계에서 보통 일어나지 않는 급격한 변화에는 아무리 피부라도 쉽게 적응할 수 없게 됩니다.

방어막의 기능 저하는 염증 같은 다양한 피부병의 원인이 됩니다. 최근 아토피성 피부염 증가의 원인은 에어컨 보급과 가옥의 밀폐성이 높아진 데 있다고 생각합니다. 우리 피부가 급격한 습도 변화에 제대로 적응하지 못한 결과입니다.

마음의 스트레스는 피부의 변화를 가져옵니다. 다양한 피부병은 정신적인 스트레스로 인해 더욱 악화됩니다. 근래 10년간 스트레스로 인한 피부병의 메커니즘이 명백하게 밝혀졌습니다.

우선 각질층의 방어막 기능에 대해 설명하겠습니다. 동물이나 인간은 스트레스를 받는 상황에 처하면 방어막에 손상을 입어 회복 속도가 느려집니다. 캘리포니아 대학에서 시험기간 중인 학생들의 방어막 회복이 늦어지는 사실을 확인했습니다(A. Garg, 2001년). 이러한 현상에는 보통 스테로이드 제제라고 불리는 혈중스트레스 호르몬인 당질 코르티코이드가 관여합니다.

트란키라이저나 향료로 스트레스를 완화시키면, 방어막 회복이 평소 속도로 되돌아옵니다. 우리는 젊은 여성들에게 이백 개의 설문에 답하라는 스트레스를 주고, 그 후 방어막의 회복이 늦어진다는 사실을 발견했습니다. 그리고 다시 진정 효과가 있는 장미계열의 향을 맡게 하자 회복 속도가 정상으로 돌아왔습니다.

스트레스가 피부에 끼치는 영향은 방어막 기능뿐이 아닙니다. 건선이나 아토피성 피부염은 정신적 스트레스로 악화된다는 연구가 많이 있습니다. 다음 장의 '아토피성 피부염'에서도 이야기하겠지만 스트레스는 면역계에도 작용합니다. **마음은 피부와 밀접하게 연결되어 있습니다. 이를 달리 말하면 피부도 마음에 영향을 줍니다.**

| 아 토 피 성　피 부 염 (私 論) |

나는 아토피성 피부염 환자입니다. 그것도 '선구적 존재'라고 자부합니다. 아주 어린 시절부터 습진으로 고생했기 때문입니다. 나는 1960년에 태어났습니다. 이시자카 코세(石坂公成) 박사가 아토피성 피부염과 관계가 있는 항체인 'IgE'를 발견한 것은 1966년입니다. IgE로부터 일련의 알레르기 반응에 대한 메커니즘이 해명되기 시작한 것은 그 후의 일입니다. 따라서 나의 어린 시절 습진은 원인을 알 수 없어서 치료가 불가능하였습니다.

그런데 내가 두 살 때 아버지의 유학으로 호주에 살기 시작하면서부터 습진이 사라졌습니다. 이유는 아직도 모릅니다. 귀국 후에는 기관지 천식으로 고생했지만, 피부염은 이전만큼 심하지 않았습니다. 하지만 초등학교 시절 습진이 재발하자 '쇠버짐'으로 진단받아 매우 힘들었던 기억이 있습니다. 그 당시 아토피성 피부염에 대한 개념이 일반화되지 않았기 때문입니다.

중학생일 때, 피부염이 갑자기 심해졌습니다. 당시 나는 지방 공립중학교의 열악한 환경에 처해 있었습니다. 교내 폭력이 일상적이었는데, 폭력을 휘두르는 사람이 다름아닌 교사라는 점이 요즘과 다를 뿐입니다.

교칙에 씌어있지는 않았지만 남자는 모두 머리를 빡빡 깎는 것이 불문율이었습니다. 머리가 조금이라도 길면 복도를 지나치다가 맞았습니다. 부모에게 체벌을 받은 적이 없던 나는 다른 사람이 맞는 모습을 보는 것만으로도 한기가 들었습니다. 학교 자체가 싫어져서 등교를 거부하기 직전까지 갔습니다.

필시 정신적인 스트레스가 원인이었을 것입니다. 습진이 온몸에 나타나서 그 지방에서 가장 큰 병원에 갔습니다. 거기에서 처음으로 '아토피성 피부염'을 진단받았습니다. 그때가 1974년이었습니다. 병원에서는 스테로이드 연고를 처방해 주었습니다. 확실한 효과가 있어서 의학은 굉장한 것이구나, 하고 감동했던 기억이 있습니다.

불쾌했던 중학교를 졸업하고 스스로 선택하여 입학한 고등학교는 전철로 1시간 반이나 걸리던 꽤 먼 곳에 있었습니다. 그런데 입학 후, 어머니가 갑자기 돌아가셔서 부자(父子)

생활이 시작되었습니다. 이때 피부염은 최악의 상태였습니다. 긴 통학시간과 입시 공부 때문에 수면시간이 줄었습니다. 눈썹이 빠지고 얼굴색은 시뻘게졌습니다.

종합병원의 피부과 의사들은 아토피성 피부염에 대해 잘 아는 시대가 되었지만, 아직 오늘날만큼 환자가 많지 않은 시대였습니다. '풍진'이라고 오해를 받아 괴로운 시기를 보냈습니다. 대학부속병원에 다니며 연고 외에 마시는 약까지 처방받았지만 별 효과가 없었습니다. 게다가 당시에 마시는 약은 부작용이 심해서 늘 머리가 어질어질했습니다. 자연히 내향적이 되었고 고통을 잊기 위해서라도 수험공부에 전념할 수밖에 없었습니다.

원하던 대학에 합격하고 하숙하면서 혼자 살기 시작했습니다. 시골 중학교에 다니던 때는 '다른 세상 이야기'로만 생각했던 대학에서 공부할 수 있다니! 기분이 좋아져서 하루하루가 찬란한 빛으로 감싸였습니다. 문득 정신을 차리고 보니 아토피성 피부염은 잠잠해져 가끔 스테로이드 연고를 바르는 것으로 충분했습니다. 하지만 중학교 시절에 들었던 '20세가 지나면 낫는다'던 진단은 예상을 빗나갔습니다. 40줄 반을 넘긴 지금도 염증이 남아 있어 적은 양이지만 아직도 스테로이드제 신세를 지고 있습니다.

이상으로 장황하게 나의 아토피성 피부염의 '작은 역사'를 말씀드렸습니다. 지금 되돌아보면 정신적인 스트레스가 원인이었고, 스테로이드 외용제의 남용(벌써 30년 이상!)도 어느 정도 부작용을 끼쳤다고 볼 수 있습니다.

대체요법도 시도해서 한방약과 침술로 효과를 보았습니다. 먼저 한방약은 샌프란시스코에 살았을 때 중국인 의사의 진단을 통해 처방전을 받았습니다. 이것을 한의원에 가져가니 나무뿌리와 잎사귀, 매미허물 같은 것을 일회 분씩 종이에 싸주었습니다. 그것을 매일 밤 냄비에 푹 삶아서 시커멓게 된 즙을 마셨습니다. 그런데 아주 효과가 좋았습니다. 덕분에 미국에 있을 때는 스테로이드제를 사용하지 않고 지냈습니다.

최근에는 우울증의 여운을 완전히 치료하기 위해 근처 침구원을 찾았습니다. 앞서 이야기했듯이 맥을 짚는 것만으로도 신체나 마음의 증상을 알아맞히는 명의가 있는 곳입니다.

"당신은 상당한 긴장 상태에 있습니다. 긴장을 조금씩 풀면 여러 가지 문제가 해결될 것입니다."

나는 통원 치료를 시작했습니다. 목적은 불면증과 기분장애(이유 없이 비관적이 되는 것) 개선이었지만, 신기하게도 그러한 문제들이 완화되는 기미가 보이자마자 아토피성 피부염까지 개선되었습니다. 다시 말하지만 나의 아토피성 피부염은 정신 상태와 밀접한 관계가 있나 봅니다.

스트레스와 아토피성 피부염의 관계를 알려주는 실험 결과가 몇 가지 있습니다. 우선 피부의 각질층 방어막에 손상을 준 후 심리적인 스트레스를 주면 회복이 늦어집니다.

스트레스성 호르몬인 코티코트로핀 방출인자(CRF, 스트레스를 느끼면 뇌하수체에서 방출된다)를 피부에 주사하면, 피부에 있는 마스트세포가 가려움을 느끼게 만드는 물질을 방출하거나 혈관이 넓어져서 염증이 생기고 두드러기와 같은 반응이 일어난다는 연구도 있습니다(T. C. Theoharides, 1998년).

나의 경우가 아니라도, 아토피성 피부염은 정신 상태와 밀접한 관계가 있다는 것이 이미 밝혀졌습니다. 한신 대지진이 일어났을 때 고베대학에서 조사한 결과, 사람들은 자신이 살던 집이 무너진 정도에 따라 아토피성 피부염이 악화되었는데(A. Kodama, 1999년), 이는 확실히 스트레스와 관계가 있습니다.

또한 파리에 살고 있는 유학 동료인 리우(Liou) 박사에게 들은 이야기지만, 프랑스에서는 인종에 상관없이 이민자에게 아토피성 피부염 환자가 많다고 합니다. 이 역시 익숙하지 않은 땅에서 생활하는 사람들의 하루하루 마음고생과 갈

등의 반영이라고 생각합니다.

　더욱 특이한 조사결과도 있는데, 독일에서 조사한 연구입니다. 아이가 아토피성 피부염에 걸리는 비율이 부모의 학력에 비례하며, 자기 집에서 자란 아이가 세들어 사는 집의 아이보다 아토피성 피부염에 걸리는 비율이 높다고 합니다(du Prel, 2006년).

　하지만 돌이켜 생각해볼 때 일본에서도 고도 경제성장기를 거쳐 물질적으로 풍요로움을 보장받게된 이후로 아토피성 피부염이 증가했습니다. 현재는 젊은이들의 40퍼센트가 경험한다고 합니다. 이처럼 아토피성 피부염이 만연하게 된 배경에는 물질적, 경제적 번영의 뒷면에 무엇인가 있는 듯 합니다.

　나는 피부 생물학자(Skin Biologist)이지, 피부과 의사(Dermatologist)가 아닙니다. 그러므로 일개 환자로서의 체험과 고찰에 지나지 않는다는 것을 알아주기 바랍니다.

　오래 전부터 일본의 피부 학계에서는 아토피성 피부염 치료에 스테로이드 사용을 인정하는 '스테로이드파'와 스테로이드의 부작용 때문에 사용을 인정하지 않는 '안티 스테로이드파'의 다툼이 있어왔습니다. 그래도 주류는 스테로이드 인정파입니다. 사건의 발단은 '안티 스테로이드파'

중에서 돈을 목적으로 사기요법을 쓴 사람들 때문입니다. 그들은 스테로이드가 위험하다며 자신만의 독자적인 치료법을 팔았습니다. 그런데 오히려 피부가 거칠어지고 만 것입니다. 이것은 도저히 있을 수 없는 일이며, 고통을 당한 환자의 괴로움에 충분히 이해가 갑니다.

나는 그러한 사기 피해를 보지는 않았지만, 돈벌이를 위해 사기를 치는 패거리는 도저히 용서할 수 없습니다. 최근에는 타쿠로리무스라는 면역 반응을 억제하는 약이 아토피성 피부염에 사용되어 분쟁이 일단락되고 있는 중입니다.

이상을 전제로 말씀드리지만, 대체요법 중에 개인적으로 효과를 본 적이 있습니다. 물론 나 개인에게만 특별한 것인지도 모릅니다. 그리고 나의 개인적인 경험에서 하는 이야기지만, 스테로이드 외용제를 계속 복용한다고 해서 그렇게 거부감을 느낄 필요는 없습니다. 하지만 스테로이드제는 염증을 억제하는 약일 뿐이며, 아직 정체불명인 아토피성 피부염의 치료약은 아니라는 점을 덧붙여 말씀드립니다.

아토피성 피부염의 원인이 방어막 기능을 유지하는 세포 간지질 구성물질인 세라미드의 대사 이상 때문이라는 이론이 있습니다. 원래부터 신체의 생화학적인 시스템에 문제가 있기 때문이라는 것입니다.

잘못하면 아토피성 피부염이 유전성 질환이라는 오해를 불러일으킬 수 있습니다. 그러나 도호쿠(東北)대학 명예교수인 다가미 하치로(田上八朗) 박사가 아토피성 피부염에 걸린 아기의 피부 기능을 조사한 결과 습진이 생긴 아이와 그렇지 않은 아이의 피부에서 각질층 방어막 기능과 수분유지 기능은 차이가 없으며, 아토피성 피부염의 방어막 기능 저하는 결과일 뿐 원인이 아니라는 점을 분명히 밝혔습니다 (『과학』 이와나미 서점, 2006년 12월호).

그럼에도 불구하고 아직도 가끔 일본 학술지에서 아토피성 피부염의 원인이 세라미드 이상 때문이라는 논문을 발견하면 아연해집니다. 논문의 저자들은 환자가 자신의 병이 유전성 질환으로 오해받는다는 것에 대한 심각성을 모른다는 점 때문에 분노가 치밀어 오릅니다.

아토피성 피부염 환자 입장에서, 일차원적인 좁은 시점이 아니라 대체요법과 정신적인 스트레스 문제도 포함된 폭넓은 관점에서 근본적인 치료법이 연구되기를 바랍니다.

| 마음은 어디에 있을까 |

정신적인 스트레스가 온몸의 상태에 영향을 끼친다는 것

은 잘 알고 있는 사실입니다. 스트레스가 피부의 손상 회복을 늦추는 것은 앞서 이야기한 실험에서도 직접 확인했습니다(제5장 환경과 피부 참조). 현재 뇌에 많은 관심이 쏠리는 이유는 마음, 혹은 감정이 신체에 미치는 영향의 크기와 다양함에 대한 인식이 깊어졌기 때문이기도 합니다. 그렇다면 마음은 뇌가 만드는 것일까요?

마음에는 여러 가지 의미가 포함되어 있습니다. 우선 감정이 있습니다. 그리고 이성, 인식, 판단, 기억 등 감정에 관계된 사항도 마음의 일부라고 해도 좋습니다.

뇌과학자인 안토니오 다마지오 박사는 소마틱 마커(somatic marker) 이론에서 이성, 혹은 일반적으로 논리적 가치 판단을 주관하는 것이 감정에 있다고 말합니다. 또한 감정과 느낌을 낳는 것은 뇌와 신체의 상호작용이며, 뇌만으로는 감정도 이성도 생기지 않는다고 합니다(『데카르트의 오류』, 1999년).

인공지능 연구에서 프레임 문제가 있습니다. 오래된 SF 중에 컴퓨터에 많은 정보를 입력했더니 '마음'이 생겼다는 이야기가 있습니다. 그런데 그런 일은 일어날 수 없다는 것이 바로 프레임 문제입니다.

무엇인가를 판단할 때 '논리적으로 생각하여 판단했다'

고 뽐내는 사람이 있습니다. 예를 들어 '점심으로 무엇을 먹을까?' 처럼 다른 사람을 고려할 필요가 없는 경우에도 그 판단과 관계된 정보는 한없이 많습니다. '어제 너무 많이 마셨어. 아침을 먹지 않았잖아. 지난 주 건강진단에서 체지방수치가 너무 높았어. 하지만 이번 주는 일이 많으니까 스태미너 음식을 먹어야지' 등등. 이렇게 많은 정보에서 중요한 것을 도대체 어떻게 결정한단 말입니까. 정확한 판단을 내리기 위해 관련된 정보를 수집하기 시작하면 한도 끝도 없습니다. 그리고 정보가 많아지면 많아질수록 처리가 곤란해집니다.

일상생활에서 정보의 양이 반드시 훌륭한 판단으로 이어지는 것은 아닙니다. 중요한 것은 논리적인 판단이 얼마나 복잡한지, 과연 컴퓨터로 그와 같은 판단이 가능한지, 인간은 어떻게 간단하게 처리하는지, 등등 수 많은 난제가 있다는 것입니다. 이것이 프레임 문제입니다.

다마지오 박사는 감정을 담당하는 전두엽에 장애를 입은 환자가 통상적인 지능 저하는 보이지 않으면서도 간단한 판단조차 내리지 못하는 것에서 실마리를 잡았습니다. 판단에는 그 사람의 과거 감정과 기억의 축적, 그 중에는 의식의 표면에 나타나지 않는 암묵지도 있는데, 그러한 것들이 판단에 커다란 기여를 한다고 주장하고 있습니다.

현대 사회에서 '된 사람'이라고 평가받는 사람이 반드시 '든 사람'만은 아닙니다. 다양한 경험을 쌓은 사람 중에 육감이 빠른 경우가 많습니다. 개인적인 경험에서 보자면 읽거나 들은 지식의 풍부함을 자만하는 사람 가운데 오히려 창조력이 결여된 경우를 자주 보았습니다.

이제 이성과 판단, 감정을 총괄하여 논하는 것이 좋겠지요. 지금부터는 편의상 이것들을 종합하여 '마음'이라고 하겠습니다. 다시 처음으로 돌아가서 마음은 대체 어디에서 발생하는 것일까요?

다마지오 박사에 따르면 마음은 신체와 뇌의 상호작용으로 생긴다고 합니다. 생물계에서 뇌의 역할과 기능은 한정되어 있습니다. 하지만 인간의 뇌는 특별히 커다란 역할을 담당합니다. 어쩌면 그것이 인간의 특성인지도 모릅니다.

그런데 마음은 인간에게만 있는 것일까요? 애완동물 애호가들은 그렇지 않다고 외칠 것입니다. 유럽 사람들은 소고기나 햄을 먹으면서 '고래는 지성이 있으니까 먹으면 안 돼. 소나 돼지는 지성이 없으니까 먹어도 돼.'라고 합니다. 그들이 말하는 지성이란 대체 무엇일까요? 나는 아직 이에 대해 논리적인 설명을 들은 적이 없습니다.

사람들은 편의상 마음대로 지성의 기준을 정합니다. 그러나 생존전략에 따라 더욱 좋은 환경을 선택하는 마음을 지성이라 하는 편이 타당합니다. 그렇다면 섬모를 움직이면서 살기 좋은 곳을 찾아다니는 짚신벌레에게도 마음이 있습니다. 하물며 태양을 쫓는 해바라기에게도 마음이 있습니다.

극단적인 예를 들었지만, 내가 말하고자 하는 것은 **이성 혹은 마음의 유무를 판단하는 결정적인 기준은 없다**는 점입니다. 그리고 **뇌만이 마음을 만드는 것은 아니라는 점**입니다. 앞에서 인간의 뇌와 신체에서 마음이 발생하는데, 그것이 바로 인간의 특별한 점이라고 할 수 있습니다. 인간을 포함한 포유류에게 있어서 뇌는 생명체의 기능 유지에 크게 공헌할 뿐 아니라 마음의 형성에도 중요한 역할을 합니다.

피부가 만드는 사람의 마음

미키 시게오(三木成夫) 박사는 폭넓은 시야를 가진 해부학자입니다. 미키 박사는 자주 자신의 아이를 관찰하며 다양한 사색을 했습니다. 나도 피부 연구가 어느 정도 진척되고 비교적 늦게 아이가 생기자, 미키 박사처럼 아이의 성장을 집에서 자주 관찰하게 되었습니다.

유아에게는 시각이 특별히 발달되어 있지 않습니다. 청각은 있지만 언어는 이해할 수 없습니다. 그들이 세상을 인식하는 수단은 후각과 촉각입니다. 산부인과 의사인 르봐이에가 주장한 출산 테크닉은 후각과 촉각을 이용한 것입니다(F. Leboyer, 1975년). 조명을 낮춘 방에서 엄마의 배 위에 신생아를 살짝 올려둔 다음, 부드럽게 마사지합니다. 자궁 안의 기억을 되살리면서 서서히 새로운 세상에 적응시키는 것입니다.

막 태어난 신생아는 후각을 이용하여 가족을 냄새로 식별한다는 연구가 있습니다(K. H. Porter, 1985년). 일반적으로 생후 3일이 된 아기는 성인이 불쾌하다고 느끼는 냄새를 맡고 어떤 동작을 취한다는 논문도 있습니다(R. Soussigan, 1997년).

후각은 오히려 신생아, 유아 쪽이 더 예민할지도 모릅니다. 나의 아들이 생후 1~2개월 되었을 때, 내가 스튜를 만들기 위해 버터에 밀가루를 볶고 있으면 엉덩이에 불이 붙은 듯이 울어댔습니다. 타는 냄새는 태고의 인류에게 있어 산불의 위험 신호입니다. 냄비 앞에서 울고 있는 아들을 보며 뇌의 어딘가에 생존에 관련된 기억이 남아 있다는 생각을 한 적이 있습니다.

다시 촉각으로 돌아갑시다. 생후 몇 개월이 지나면 시각이 발달하는데, 유아는 기어 다니면서 눈에 들어오는 것은 무엇이든 입에 넣고 빱니다. 미키 박사에 의하면 이것은 매우 중요한 성장 과정이며, 눈에 보이는 것과 그 형상을 연결하는 학습행위라고 합니다(『내장이 하는 일과 아이들의 마음』 스키지 쇼간 築地書館, 1982년).

유아는 먼저 눈에 보이는 것과 그것을 만졌을 때의 질감을 연결하는 작업을 합니다. 닳아서 보풀이 일어난 담요의 푹신푹신한 느낌, 반짝이는 컵의 매끈매끈한 느낌. 이러한 질감을 통틀어서 감각질(qualia)이라고 하는데, 시각과 감각질의 대응을 배우는 것이 학습의 첫걸음입니다.

이 시기가 지나면 손과 눈으로 세상을 확인하는 시기가 옵니다. 그리고 마지막으로 시각 중심의 세계 인식으로 이행합니다. 그러나 시각으로 사물의 모습을 정확히 파악하려면 눈을 '구석구석 훑듯이' 움직여야 합니다. 눈앞의 의자를 보고 그 밑으로 빠져 나가야 할지, 그 위로 기어 올라갈 수 있는지를 살펴보며 가능성을 정확히 판단해야 합니다. 이는 깁슨이 주장한 허용(affordable) 개념과 연결됩니다(사사키 마사토 『어포던스』 이와나미 과학라이브러리, 1994년).

막 태어난 포유류의 머릿속에는 채워야 할 여백이 많이 있습니다. 세로줄무늬 모양만 있는 환경에서 자란 새끼고양이가 '가로줄'을 인식하지 못해 이리저리 헤맸다는 애처로운 실험 결과가 있습니다(J. M. Winterkorn, 1975년). 마찬가지로 아기도 기어 다니고 구석구석 훑아가면서 세상을 파악합니다.

이러한 과정은 인간에게만 특히 두드러진 현상일지도 모릅니다. 초식동물의 경우 신생아는 생후 몇 시간이면 걷기 시작합니다. 그들은 유전자 수준의 정보만으로 세상에 나가는 것입니다. 오랜 시간 아기를 키우며 고생하는 인간 부모의 눈으로 보면 부럽기도 합니다. 그러나 생후 오랜 시간에 걸쳐 면밀히 세상을 인식하는 점이야말로 인간이 인간다운 까닭입니다.

이렇게 생각하는 데는 이유가 있습니다. 어느 날 아들의 신기한 행동을 알아차렸습니다. 아이가 좁은 집안을 기어 돌아다닐 무렵 날붙이 같은 위험한 물건이 있는 부엌에 들어가지 못하도록 종이박스로 바리케이드를 설치해 놓았습니다. 그런데 아이는 비틀거리며 기어올라 부엌에 침입했고, 그것을 기념이라도 하듯 서랍에서 통조림을 꺼내어 그것을 가지고 다시 바리케이드를 넘어 침실로 되돌아왔습니다.

자신의 침실에 통조림이 산처럼 쌓여있었음에도 불구하고 다른 것에는 흥미를 보이지 않았습니다. 마치 운동선수가 경기에서 우승하여 받은 트로피 같았습니다. 통조림은 목적이 아니라 노력의 기념품이었던 것입니다. 산악인이 산

정상에 있는 돌을 가지고 돌아오는 것과 마찬가지입니다.

철학자 니체는 인간의 특성으로 '자기 자신을 뛰어넘는 생의 의지'를 들었습니다. 나는 아직 말도 하지 못하는 아들을 보면서, 그것은 인간의 특성이 아니라 본능이라고 생각했습니다. 다른 포유류는 필요할 때만 사냥하고 배고플 때만 먹이를 먹습니다. 그러나 인간은 단지 '거기 산이 있기 때문에'라는 이유만으로 고생하며 산에 오릅니다.

인간이 생식 영역을 동물과는 차원이 다른 넓이로 늘린 것은 바로 본능 때문입니다. 한편 유아는 다른 사물과 만나면 그것을 빠는 행동을 통해 인식 가능한 세계를 넓혀 갑니다. 다른 동물, 특히 포유류에게 이러한 행동이 얼마나 보이는지 궁금하지만 부모가 아이들을 키울 때 오랜 시간 꼬박 붙어서 키워야하는 것만은 틀림없습니다.

배우는 것을 기록하기 위해 '마음의 노트'에 공백을 두고 세상에 태어나는 인간의 신생아는 생물학적인 목적 이외에 다른 동물보다 오랜 시간을 들여 촉각으로 세상에 대한 인식을 넓혀갑니다. 바로 이것이 지구상에서 사람이라는 동물의 생식 영역이 확장되는 결과를 낳았습니다.

덧붙이면 인간은 맨몸으로 태어나 벌거벗고 자랐기에 털을 가진 포유류보다 환경의 온도와 습도 같은 변화에 훨씬 민감해졌습니다. 때문에 인간에게는 다양한 환경의 변화에 대처하는 방법을 선택하는 지혜가 생겼습니다. 이것은 앞으로 이야기할 피부 진화론에서 다시 설명하겠습니다(제6장 인간은 왜 털이 없을까 참조).

| 마 음 과 피 부 |

마음 또는 감정이나 정신적인 스트레스가 피부에 다양한 영향을 끼친다는 학술적인 논문은 그다지 사람들의 시선을 끌지 못하지만 꾸준히 연구되고 있습니다. 이러한 연구는 인간의 미래를 위해 매우 중요합니다. 그러나 환원론적인 과학이 '훌륭한 과학'으로 간주되는 현재의 관점에서 볼 때 이러한 연구는 엄청난 경제적, 정신적 고통을 견뎌내지 않으면 안 됩니다.

양식 있는 속옷 제조회사는 속옷이 마음이나 스트레스에 끼치는 영향을 밝히는 연구를 하고 있습니다. 규슈대학의 와타누키 시게키(綿貫茂喜) 박사는 스트레스성 호르몬, 면역물질 IgA 등 여러 가지 생리 현상과 옷과의 관계를 연구하고 있습니다.

그에 의하면 몸에 조이는 속옷이나 빳빳한 속옷이 스트레스성 호르몬인 코르티솔의 양을 증가시킨다고 합니다. 하지만 여자들 중에는 헐렁한 옷을 좋아하는 사람이 있는 반면, 꽉 조이는 옷만 입는 사람도 있습니다. 개개인의 성장 과정과 환경에 따라 성격과 기호가 달라지므로 일관된 연구 성과로 종합하기에는 아직 곤란한 상황입니다. 심리학과 정신과학 사이의 학제간 연구 방법에 따라 다양하게 해석할 수 있기 때문입니다.

전문적인 학회와는 별도로 이 문제는 세상의 관심이 쏠려 있으므로 눈에 띄지 않는 학술지에서도 흥미로운 연구 결과가 발표되었습니다. 우울증이 있는 여성 환자에게 마사지를 했더니 혈중 스트레스 호르몬(코르티솔)의 양이 줄어 스트레스가 개선되었습니다. 반대로 신체를 움직이는 스트레스 해소법을 시도했지만 생화학적인 변화가 전혀 없었다고 합니다(T. Field, 1996년).

몸 전체의 자세와 호흡, 그리고 피부 감각을 포함하는 체성 감각은 마음에 영향을 끼칩니다. 그중에서도 특히 **피부 감각은 마음에 큰 영향을 줍니다.**

또한 **피부의 장애나 질환이 몸 전체와 마음에 영향을 주기도 합니다.** 암환자를 상대하는 임상의사에게는, 환자가 몸 어딘가에 염증을 일으킬 때 환부에서 방출되는 사이토카인 때문에 우울증 상태가 된다는 것이 상식으로 받아들여지고 있습니다. 피부 표면의 각질층에 작은 손상을 주기만 해도 사이토카인이 방출됩니다. 아토피성 피부염 등 피부 질환에 걸린 경우에는 사이토카인이 끊임없이 방출됩니다. 이러한 상태에서 피부가 마음에 영향을 끼치지 않을 수가 없습니다.

각질층이 손상을 입을 경우 방출되는 정보전달물질은 너무 많아서 일일이 셀 수가 없습니다. 사이토카인 외에도 각종 호르몬과 신경펩티드(신경에서 방출된 정보전달물질)가 표피에서 합성됩니다.

최근 나의 젊은 동료인 이케야마 가즈유키(池山和幸) 박사는 혈관을 이완하고 확장시키는 일산화질소(NO)가 표피에서 합성되어 방출된다는 현상을 발견했습니다. 니트로글리세린은 일산화질소를 방출시킵니다. 심근경색인 사람이 니트로글리세린을 가지고 다니는 것은 바로 이 때문입니다. 일산화질소에 의해 혈관을 확장하는 화학 반응을 지속시키는 약이 바로 비아그라입니다. 그리고 일산화질소는 서카디안 리듬(신체의 생리 상태나 호르몬의 주기 변동) 같이 다양한 전신계통 시스템에도 작용합니다.

이케야마 박사는 표피에서 일산화질소를 만드는 효소와

신경계에서 일산화질소를 만드는 효소가 같다는 것도 발견했습니다. 또 다시 신경계와 표피에서 같은 시스템을 찾은 것입니다.

피부, 특히 표피는 다양한 자극에 따라 수많은 정보전달물질을 만들어서 방출합니다. 이것을 제어하는 방법을 찾아낸다면 마사지 같은 피부 시술로 몸과 마음의 상태를 더욱 좋게 만드는 것이 가능합니다.

최근 몇 년간 옥시토신 호르몬이 중요한 화제로 떠올랐습니다. 옥시토신은 뇌하수체 뒷부분에서 분비되고, 출산 시에 자궁근 수축과 젖의 분비에 관계된 호르몬입니다. 수유기에 아기가 엄마 젖꼭지에 달라붙으면 엄마의 뇌하수체에서 옥시토신 호르몬이 나와 젖이 만들어집니다. 동물 실험에서는 피부 접촉만으로도 옥시토신이 분비되었다는 연구가 있습니다(G. Peterson, 1991년).

그런데 2005년에 옥시토신에 관한 충격적인 논문이 잇달아 발표되었습니다. 취리히대학 연구팀에 의하면 옥시토신을 냄새맡는 것만으로 '타인에 대한 신뢰도가 높아졌다'는 실험 결과가 발표되었습니다(M. Kosfeld, 2005년). 단순히 냄새를 맡는 것만으로 사람을 신뢰하게 되었다는 얘기입니다. 이를 뒷받침하듯 자치의대(自治醫大)의 다카야나기(高柳) 박사팀에 의해 옥시토신을 감지하는 기능을 파괴한 쥐는 공격성이 늘고 새끼를 제대로 키우지 않는다는 논문을 발표했습니다(Y. Takayanagi, 2005년).

옥시토신은 타인과의 신뢰관계와 상호관계를 유지하는 데 중요한 역할을 합니다. **인간 사회의 기반을 이루고 있는 타인에 대한 신뢰 감정에 작용하는 물질이 있으며, 그 물질은 피부의 자극을 통해 분비**됩니다. 이런 점에서 사람 사이의 스킨십은 인간의 수준 높은 사회적 행동을 유발하는 중요한 의미를 지니고 있습니다.

| 마음을 키우는 피부 감각 |

시각 정보에 속거나 착각을 잘하는 어른과 달리, 유아는 말 그대로 피부로 느끼면서 성장합니다. 18세기 프로이센의 왕 프리드리히 2세가 갓 태어난 아기에게 우유만 주고 인간의 접촉을 금지하는 잔혹한 실험을 했습니다. 그 결과 아기는 모두 죽었다고 합니다.

이 실험을 오늘날 인간의 신생아로 할 수는 없지만, 미숙아는 어쩔 수 없이 보육기 안에 잠시 격리시키는 경우가 있습니다. 이때에도 적당히 피부 접촉을 해주어야 성장이 빠르다는 연구가 있습니다(T. Field, 1996년). 동물실험에서는 쥐의 새끼를 어미로부터 떼어내어 접촉을 금지하고 키우는 실험이 몇 번 있었습니다. 이 경우에도 아기 쥐의 성장은 현저히 저하되었습니다.

이와 같은 실험에서는 다양한 생화학적, 분자생물학적 검증이 이루어지고 있습니다. 예를 들어 실험용 쥐의 부모와 새끼의 접촉을 막으면 뇌의 해마에서 스트레스 호르몬을 감지하는 단백질 DNA가 복제되지 않는다는 연구가 있습니다 (J. C. Weaver, 2004년).

이것이 구체적으로 어떤 변화를 가져오는지 기술되어있지 않지만, 스트레스에 대한 반응이 떨어진다는 것은 분명합니다. 이러한 DNA 변화는 세포분열 뒤에도 유지됩니다. 그러므로 부모와의 접촉이 자식에게 생리적인 변화를 준다는 것은 확실합니다.

심리학자 해리 할로우 박사의 선구적인 실험을 통해 새끼 원숭이는 우유가 나오지만 딱딱한 철사로 만든 어미원숭이 모형이 아니라, 우유는 나오지 않지만 폭신폭신한 타월로 만든 어미원숭이에게 매달린다는 사실(H. F. Harlow, 1952년)을 통해 피부 감각이 엄마와 새끼의 커뮤니케이션에 얼마나 중요한지를 보여주고 있습니다.

게다가 영장류에게는 글루밍(털 다듬기)이라는 독특한 커뮤니케이션 수단이 있습니다. 이에 대해서도 몇 가지 중요한 연구가 진행되고 있습니다. 우선 원숭이를 한 마리만 우리에 넣습니다. 털 다듬기를 해줄 동료는 없습니다.

원숭이에게 스위치를 누르면 사육사가 봉으로 신체를 자극해 주는 과정을 보여줍니다. 그러면 원숭이는 자발적으로 스위치를 눌러 자극을 받으려고 하며, 더 많이 마찰해 달라고 조릅니다. 신체를 통한 피부 자극은 그들이 원하고, 또한 바라는 본능에 속하는 것입니다(K. Taira, 1996년).

이 현상에 대한 생화학적인 증거가 있습니다. 글루밍을 하면 쾌락 호르몬인 베타 엔돌핀이 더욱 많이 방출된다고 합니다. 베타 엔돌핀은 우리 몸에서 생성되는 신경전달물질(E. B. Keverne, 1989년)로서 마약인 모르핀과 비슷한 작용을 합니다. 우리 뇌는 모르핀을 베타 엔돌핀과 같은 것으로 인식합니다. 털 다듬기는 원숭이에게 문자 그대로 마약과 같은 쾌감을 줍니다.

털이 없는 영장류인 인간도 피부 자극으로 커다란 쾌감을 얻는다는 사실은 다양한 마사지와 화장술의 성행으로 미루어 짐작할 수 있습니다. 동양의학에서는 얼굴 마사지가 기를 보충하는 효과가 있다고 합니다. 그러나 이 분야는 서양의학에서 아직 연구 대상이 되지 못하고 있습니다.

인간을 대상으로 하는 실험 자체가 곤란한 점도 원인 중 하나입니다. 또한 사람은 언어 정보에 현혹되기 쉬워서 순수하게 피부 감각에만 제한되는 실험을 하기 어렵기 때문입니다. 그러나 원숭이 실험을 통해 유추해볼 때 털이 없는 사람이야말로 피부에 의한 감각 입력이 감정을 크게 자극한다고 할 수 있습니다.

나는 여기에서 표피 세포인 케라티노사이트의 감각수용기구와 정보처리기구가 중요한 역할을 한다고 생각합니다. 사실 케라티노사이트도 베타 엔돌핀을 합성하는 능력을 가지고 있습니다. 그러나 케라티노사이트에 의해 혈액 속에 방출된 베타 엔돌핀은 혈관벽 때문에 뇌에 도달하지 못합니다. 이것은 표피에서 입력된 물질들이 직접적으로 뇌에 작용하지 않는다는 것을 의미합니다.

그러나 혈관을 통해 전달되는 사이토카인은 뇌에 작용하지 않지만 혈중농도를 변화시켜 감정에 작용한다는 연구가 있습니다(E. C. Suarez 2003년, C. Song 2002년).

한편 2007년 피부과학회에서 정신적인 스트레스를 받았을 때 뇌의 명령에 따라 부신에서 당질 코르티코이드(인간의 경우 코르티솔)를 방출하고, 표피 세포인 케라티노사이트에서도 방출된다는 연구가 있었습니다.

그리고 피부에 상처가 나면 표피 속에서 코르티솔을 합성하는 효소가 증가한다고 합니다(Tomic - Canic SID, 2007년). 이는 **정신적인 손상이나 피부의 손상은 신체에 똑같은 변화를 준다**는 것을 의미합니다. 따라서 피부의 손질은 마음의 케어로 이어집니다.

피부에서 마음으로 향하는 방법에 대해서는 많은 연구가 있었지만, 아직은 단편적입니다. 마음에 효과가 좋은 피부 대책을 알아내는 것이 앞으로의 연구 과제입니다.

第三の腦 ∷ 제 6 장

피부가 바라보는 세상

| 피부의 진화 |

진화생물학에 의하면 양서류, 파충류의 피부 기본구조는 인간과 같다고 합니다. 그중에서도 양서류인 개구리의 피부는 인간의 피부와 공통된 인자를 많이 가지고 있습니다. **인간 피부의 원형은 개구리의 피부에서 비롯되었다**고 할 수 있습니다(J. T. Bagnara, 1982년).

먼저 개구리의 피부 구조를 보면 각질층이 있습니다. 하지만 올챙이나 도롱뇽의 피부 표면은 점막 상태로, 각질층처럼 죽은 세포의 퇴적 구조는 보이지 않습니다. 또한 개구리 중에는 건조한 상태에서 일종의 고치를 만들어 지내는 종류가 있습니다. 이 고치의 구조가 각질층과 비슷합니다.

개구리에게도 인간의 피부색을 결정하는 멜라닌 세포가 있습니다. 나무 위에 사는 개구리 중에는 피지를 분비하는 것까지 있습니다.

그들은 분비된 피지를 뒷발로 온몸에 열심히 바릅니다. 취약한 각질층을 건조한 기후로부터 보호하기 위해서입니다. 사람들은 보통 피지를 쓸모없는 지질로 여기는데, 이 개구리를 보면 피지도 분명 쓸모가 있다고 생각하는 것이 좋겠지요.

하지만 개구리와 그 밖의 양서류는 처음으로 육지에 올라온 척추동물이기 때문에 피부가 미완성인 채 남아 있습니다. 물에서 공기를 호흡하며 사는 육서동물 중에 개구리는 환경변화에 가장 약합니다. 현재 세계의 개구리들이 멸종 위기에 처해 있습니다. 어린 시절에는 어디를 가도 물가나 논에서 참개구리를 보았지만, 요즘에는 초록과 노랑, 갈색의 우아하고 아름다운 개구리를 찾아보는 것이 쉽지 않습니다.

인간의 각질층이 피부가 되는 것과는 달리 파충류의 각질층은 비늘로 변합니다. 친구인 메논 박사는 여러 가지 동물의 피부를 전자현미경으로 관찰하고 그 특징을 논문으로 발표하고 있습니다.

뱀의 상피 구조도 인간의 각질층과 비슷합니다. 비늘 사이를 지질이 채우고 있어서 인간의 각질층, 벽돌과 모르타르 관계와 비슷한 구조로 되어 있습니다. 하지만 파충류는 성장함에 따라 계속 탈피를 합니다.

파충류의 각질층 세포는 인간과 달리 서로 강하게 달라붙어 있습니다. 포유류에서 비늘 사이를 채우는 지질은 서로 끌어당기는 성질인 극성이 약하지만, 파충류는 극성이 큰 인지질이기 때문입니다(G. K. Menon, 1992년).

파충류에게는 비늘, 인간에게는 피부가 있다면 조류의 각질층은 깃털로 변합니다. 이 점만 제외하면 조류는 각질층이 있는 인간을 비롯한 포유류와 가까운 피부 구조를 가지고 있습니다(G. K. Menon, 2002년).

포유류에서는 비늘이 털로 변합니다. 모근에 딸려있는 피지선이 털에 지질을 부착시키는데, 이러한 흔적은 인간에게도 있습니다. 인간의 피지선은 모두 모낭에 붙어 있기 때문입니다.

메논 박사에 따르면 재미있는 것은 돌고래의 피부입니다. 피부 표면에 기름방울이 묻어 있는데, 이는 돌고래가 헤엄칠 때 피부 표면에서 물의 흐름을 조절하고 저항을 작게 만드는 역할을 하고 있습니다. 이런 점에서 **생명체는 환경에 따라 다양한 형태의 피부를 가지고 있다**는 사실을 알 수 있습니다.

| 인 간 은 왜 털 이 없 을 까 |

인간은 왜 체모를 잃어버렸을까요? 이것은 오랫동안 다양한 논쟁거리가 되었습니다. 데즈먼드 모리스는 『털없는 원숭이』에서 인간은 성적인 표현을 위해, 즉 성기나 유방을 눈에 띄게 하기 위해 체표면을 드러냈다고 말합니다. 하지

만 그것이 온몸의 털이 사라진 이유가 될 수는 없습니다. 성적인 부분의 털만 없애면 충분하지 않습니까.

한편 엘레인 모건은 인간이 물가에서 진화했다는 이론을 세워 최근 몇 년 사이 많은 지지를 받고 있습니다. 그녀는 털이 없는 포유류인 돌고래나 고래 같은 해양성 동물을 예로 들면서 물속에서 털은 필요없다고 지적합니다.

그리고 원숭이에서 인간으로의 진화 과정에서 일어난 또 다른 변화, 직립보행도 물가에서의 진화를 가정하면 쉽게 설명이 가능하다고 말합니다. 왜냐하면 네발로 걷는다면 물속에서 호흡할 수 없기 때문입니다. 또한 원숭이가 육지에서 갑자기 일어서서 걷는 것은 역학적으로 어렵지만, 물속에서는 부력 때문에 쉽다고 주장합니다.

그녀의 저서 『진화의 상흔』(동물사, 1999년)에는 뛰어난 상상력으로 읽는 재미를 더해주고 있습니다. 인간의 머리에 털이 남아 있는 까닭은, 아이가 어머니의 머리털을 붙잡고 물에 빠져죽지 않기 위해서라고 합니다. 남자에게 대머리가 많은 것은 육아를 하지 않는 수컷에게는 아이가 붙잡을 털이 필요없기 때문이라는 주장도 있습니다.

그녀의 주장이 라마르크의 '용불용설'(획득형질의 유전)을 만족시키는 점도 지지를 얻는 이유 중 하나입니다. 그러나 냉정하게 생각해보면 결함도 많이 있습니다. 시마 타이조(島泰三) 박사는 저서 『벌거숭이의 기원』(木樂舍, 2004년)에서 물가의 동물이라도 물개, 수달, 해달에는 어엿하게 털이 나는 반면, 육서동물인 벌거숭이박쥐에게는 털이 없다며 그녀의 주장을 반박합니다. 또한 털이 없는 고래와 돌고래가 수중생활로 이행한 것은 몇 천만 년 전의 일입니다. 하지만 원숭이가 털을 잃어버린 시기는 그리 오래 전 일이 아닙니다.

이러한 주장들을 확인하기 곤란한 점은 털이 화석으로 남아 있을 가능성이 극히 적다는 것입니다. 과연 우리는 언제 털이 사라졌을까요?

시마 타이조 박사는 키틀러(R. Kittler, 2003년)의 이와 머릿니의 종분화가 7만 년 전이라는 것에 착안하여 이미 인간은 옷을 입는 습관을 가지고 있었다고 추측합니다. 그것은 이미 털을 잃은 상태를 의미합니다.

시마 박사는 인간이 털을 잃은 것은 그 이전이며, 같은 시대를 살았던 네안데르탈인은 털이 있었다고 주장합니다. 인간에게서 털이 사라진 것은 그리 먼 옛날이 아니라는 말입니다. 결국 엘레인 모건의 '물가에서 진화한 원숭이'에 대한 주장은 근거가 희박하다고 할 수 있습니다.

시마 박사는 다윈의 진화론 자체를 부정하며, 인간이 털을 잃은 것은 우연이기 때문에 신체적으로 커다란 부담을 안게 되었다고 주장합니다. 그래서 사회성을 발달시키고 의복과 도구를 발명하여 현대인의 모습이 되었다고 합니다.

라마르크나 다윈 이래 여러 가지 진화론들이 제시되었습니다. 그중에서 분자생물학자인 모노가 『우연과 필연』에서 제시한 주장이 가장 간결하고 명료하여 설득력을 얻고 있습니다. 모노는 진화의 시스템에서 단 두 가지만 인정합니다. 우연히 아무렇게나 일어나는 유전자 정보의 변화, 그리고 그 결과 나타나는 새로운 생물의 도태입니다.

진화는 어떤 목적을 가지고 변화가 일어나는 현상으로 생각하기 쉽습니다. 그러나 모노는 진화에 어떤 구동력이 있다는 것을 인정하지 않습니다. 우연한 변화와 도태가 오랜 시간을 거친 결과 마치 어떤 목적을 향해 변화한 것처럼 보이는 것뿐이라고 단정합니다.

생명의 탄생도 우연히 생긴 화학변화에서 기원하는데, 그러한 확률은 한없이 제로에 가깝다고 합니다. 생명의 탄생은 단 한번뿐인 기적적인 현상이었다는 것입니다.

『우연과 필연』은 많은 논쟁을 불러일으켰습니다. 특히 화학자들로부터의 반론이 매우 인상적입니다. 프리고진은 에너지를 받아들이고 방출하는 시스템으로 이루어진 생명계에서 고차원적인 구조가 발생한다는 점을 예로 들었습니다. 그의 주장에 의하면 물리 현상으로서 생명의 탄생과 진화는 필연이라는 것입니다.

한편 아이겐은 유전자와 유전자가 만드는 효소, 그 효소가 작용하여 생성되는 유전자의 조합에서 특정 유전자가 선택받을 수 있는 가능성을 보여주었습니다. 스코페닐은 이러한 사고방식을 통합하여 환경의 변화에 따라 필연적으로 특정한 유전자가 선택되며, 진화는 환경과 생명의 상호작용을 따르는 방향으로 나아간다고 주장했습니다.

스코페닐의 저서 『안티 찬스』(미스즈쇼보 みすず書房, 1984년)는 '우연이 아니다'라는 의미입니다. 처음 제목은 '안티 모노'였다고 합니다. 모노의 『우연과 필연』은 이에 반발하는 많은 주장들을 이끌어냈다는 점에 의의를 가진다고 하겠습니다.

모노가 사망할 무렵(1976년), 도네가와 스스무(利根川進) 박사는 면역 시스템에서 외부로부터의 이물질을 식별하기 위해 유전자 재구성이 일어나는 현상을 발견했습니다. 환경이 유전자에 작용한다는 사실을 밝혀낸 최초의 예입니다. 그런데 그 변화가 다음 세대로 이어지지 않았습니다.

모노의 주장을 뒤엎으려면 환경이 일으킨 유전자 변이가

세대를 뛰어넘어 이어진다는 사실을 증명해야 합니다. 하지만 현재까지 그러한 증거는 없으며, 모노의 주장은 아직도 강력한 힘을 발휘하고 있습니다.

위의 얘기들을 종합하면 진화에는 어떤 구동력이 있으며, 환경과 생명체의 상호작용 가운데 그것을 지휘하는 인자가 있습니다. 이마니시 긴지(今西錦司) 박사가 말한 종 전체의 변화, 그것도 짧은 시간에 일어나는 커다란 변화를 현대과학의 틀 안에서 설명하려면 특별한 이론체계가 필요합니다.

또한 스코페닐의 주장처럼 환경에 극적인 변화가 있으면, 그곳에 사는 종에게 다른 에너지 흐름이 생겨 그때까지와는 다른 고차원적인 구조, 즉 단기간에 형태 변화가 이루어질 가능성이 있습니다. 결국 현대과학에서 진화론의 원동력을 설명하려면 환경과의 상호작용 시스템을 기초로 한 새로운 과학이 탄생해야만 합니다.

| 벌거숭이의 의미 |

털을 잃게 될 즈음 인간에게는 여러 가지 변화가 생겼습니다. 포유류에서 피지를 구성하는 성분을 비교하면 재미있는 사실을 알 수 있습니다. 피지는 모공에 딸린 피지선에서

스쿠알렌

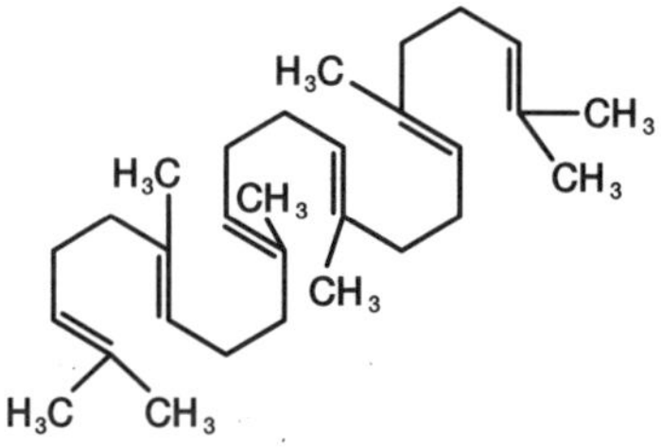

콜레스테롤

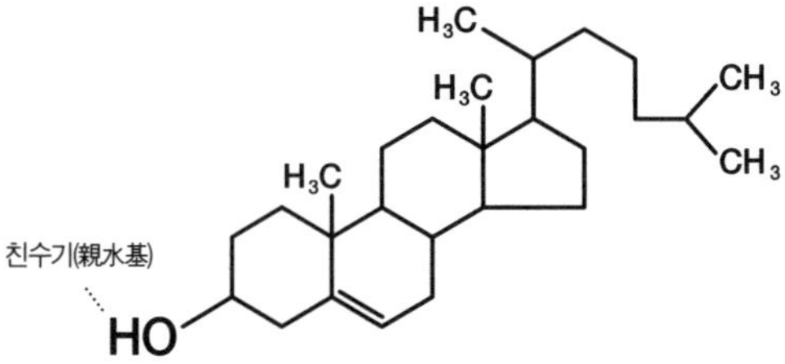

[그림 13] 스쿠알렌과 콜레스테롤

인간의 피지에는 물을 튕겨내는 성질이 강한 스쿠알렌이라는 물질이 함유되어 있다. 한편 다른 포유류들은 스쿠알렌 대신 콜레스테롤을 함유하고 있다.

만들어지며, 털을 보호하기 위해 분비됩니다. 인간은 털의 뿌리 부분에도 피지선이 있지만, 코끝과 그 주위에는 털이 없어진 모공의 흔적으로 피지만 분비하는 피지선이 있습니다.

인간의 피지에는 스쿠알렌이라는 물질이 많이 함유되어 있습니다. 탄소와 수소만으로 이루어진 화합물로서 지질 중에서도 물을 튕겨 내는 성질이 아주 강합니다. 그런데 다른 포유류들은 스쿠알렌을 분비하지 않습니다. 쥐, 고양이, 개, 소, 말, 양, 비비, 그리고 침팬지도 스쿠알렌을 분비하지 않습니다(N. Nicolaides, 1968년). 그들은 피지에서 콜레스테롤을 분비합니다.

이와 반대로 인간의 피지에 콜레스테롤은 함유되어 있지 않습니다. 콜레스테롤도 지질이므로 물과 친숙하지 않지만 산소 원자를 함유하고 있으므로 스쿠알렌만큼 강한 워터프루프(waterproof) 성질을 가지고 있지 않습니다.

다른 포유류 가운데 스쿠알렌을 분비하는 것이 있는지 조사해보았습니다. 비버, 수달, 그리고 두더지의 경우 스쿠알렌을 분비하였는데(M. E. Stewart, 1991년), 이 결과는 매우 흥미롭습니다. 털로 덮여있는 동물은 체모가 피부의 방어 작용을 하므로 강한 워터프루프 성질을 가진 피지가 필요하지 않습니다. 그러나 털이 없는 인간은 피부 자체가 물을 튕겨

내야 합니다.

물가의 수달과 비버, 그리고 땅속에서 흙을 파내며 사는 두더지에게는 평범한 환경에 있는 동물보다 물을 튕겨내는 성질이 강한 물질로 신체를 덮을 필요가 있었던 것입니다.

피지가 워터프루프 성질을 가져야 하는 이유는 간단합니다. 인간의 경우 모공이 없는 부분에서는 피지가 나오지 않습니다. 발바닥, 손가락 끝과 손바닥이 그렇습니다. 손은 물건을 붙잡고, 발바닥은 지면을 차며 걷습니다. 그곳에 털이 있거나 피지가 분비되면 미끄러져서 위험합니다. 때문에 피지선이 없어졌습니다.

이들 부위에는 물이 쉽게 스며들어 오랜 시간 목욕을 하면 피부(실제로는 각질층)가 물을 흡수하여 불어납니다. 물이 잘 배는 곳에는 균류가 번식하기 쉽습니다. 각질층에 생기는 곰팡이, 즉 무좀은 피지가 없는 부분에서 만들어집니다. **따라서 털을 잃어버린 인간은 피부를 방어하기 위해 물을 튕겨내는 피지 성분으로 조성을 바꾼 것**입니다.

그렇다면 이렇게까지 하면서 인간이 털을 없앤 이유는 무엇일까요? 우연히 털이 없어져서 그것을 보완하기 위해 피지 성분까지 바꾼 것일까요. 비버나 수달, 두더지도 우연히 생활 장소가 바뀌어 어쩔 수 없이 피지 조성을 바꾼 것일까요. 말도 안 되는 이야기입니다.

이마니시 박사의 '종 전체가 변해야만 다음 세대에 변형된 유전자가 전달된다'는 말을 돌이켜봅시다. 우선 변해야 할 이유가 있었고, 그 때문에 다양한 인자, 예를 들면 피지의 성분과 같은 세부적인 점까지 한꺼번에 변했다고 했습니다.

과연 인간이 털을 잃어버린 이유는 무엇일까요? 사회성을 가진 원숭이는 커뮤니케이션으로 '털 다듬기'를 합니다. **인간은 털을 없애는 대신, 스킨십이라는 새로운 커뮤니케이션 방법을 얻은 것**입니다. 원숭이도 체표면을 통한 자극 커뮤니케이션 수단을 가지고 있는 것을 보면, 벌거숭이가 된 인간이 독자적인 스킨십 커뮤니케이션을 갖는 것은 당연합니다.

많은 아동심리학자들은 유유아기(乳幼兒期)에서 스킨십의 중요성을 강조하고 있습니다. 스킨십의 유무는 유아의 생명과 직접적인 연관이 있으며, 몸과 마음의 성장에 커다란 영향을 줍니다.

인간은 스킨십을 통해 새롭게 진화의 한 계단을 올라간 것입니다. 물론 현대인에게 언어 커뮤니케이션이 가장 중요한 것은 말할 것도 없습니다. 그러나 너무 복잡하게 발전을 거듭해왔기에, 우리는 언어화할 수 없는 감각정보를 깨닫지 못하게 되었습니다.

목소리는 화석으로 남지 않으므로 언어가 언제 발생했는지는 알 수 없습니다. 기껏해야 화석이 된 인골의 목과 구개 구조로 짐작할 따름입니다. 벌거숭이가 먼저인지, 말이 먼저인지에 대한 확실한 답은 없습니다.

다양하게 논의되는 네안데르탈인은 약 23만 년 전에 출현하여 3만 년 전에 멸종되었습니다. 머리뼈 아래쪽 모양을 보면 적어도 현대인과 같은 발성은 불가능합니다.

『네안데르탈인은 누구인가』(크리스토퍼 스트링어, 클라이브 갬블, 아사히신문사, 1997년)에 의하면 현생 인류의 근원적인 모습은 약 10만 년 전에 출현했고, 우리의 직접적인 선조인 신생 인류가 나타난 것은 약 5만 년 전입니다. 앞서 말한 종의 분화 시기와 정확히 일치합니다. 벌거숭이가 된 시기와 언어가 가능한 해부학적 구조를 갖는 시기가 같은 것입니다.

현대사회에서는 피부의 상호 접촉이 점차 줄어들고 있습니다. 상당히 친한 사이와 사랑하는 사람들에게만 남아있을 뿐입니다. 그러나 피부(또는 피부의 접촉이나 피부를 매개로 한 커뮤니케이션)의 중요성은 현재보다 먼 옛날에 훨씬 더 높았을 것입니다. 스킨십 커뮤니케이션 이론은 이러한 직관으로부터 유래된 것입니다.

일본어에는 '피부로 느끼다(직접 체험하다)', '학자 피부(학자 기질)', '배우 피부(배우 기질)', '한 꺼풀 벗다(발 벗고 나서다)', '피부를 허락하다(여자가 남자에게 몸을 허락하다)'처럼 피부라는 말을 사용한 표현이 많이 있습니다. 이러한 표현은 단순히 겉모양뿐만 아니라 개인의 성격이나 정체성을 상징하는 의미로서 피부라는 말을 사용하고 있습니다.

| 얼굴 피부 |

신체 각 부위의 피부를 비교해 보면 의외로 **가장 각질층이 얇은 곳은 얼굴의 피부**입니다. 경건한 이슬람교도 여성을 제외하면, 현대 사회에서 사계절 내내 유일하게 벌거벗은 부분이 가장 피부가 얇고 방어력이 약하다는 것은 불가사의한 일입니다.

피부과학자인 다가미 하치로(田上八朗) 박사는 늘 얼굴 피부의 특이성을 강조하며, 얼굴 피부는 신체의 다른 부위와 비교하여 만성적으로 염증이 일어나는 상태라고 합니다. 염증 부위에서는 표피의 각질층 재생 속도가 다른 부위보다 빠릅니다.

얼굴에는 중요한 감각기관인 눈, 코, 입, 귀가 집중되어

[그림 14] 대형 영장류

대형 영장류의 얼굴에는 털이 없는 것이 많다. 개코원숭이의 화려한 얼굴은 성적인 디스플레이를 보여준다. 그러나 인간과 가까운 유인원인 오랑우탄, 침팬지, 고릴라의 얼굴은 특별히 화려하지 않다.

있으므로 정보 수집의 거점이기도 합니다. 이렇게 중요한 장소가 피부로 덮여있으므로 오히려 다른 부위보다 튼튼해야할 필요가 있지 않을까요. 원숭이, 특히 유인원인 고릴라와 침팬지에도 얼굴에 털이 없습니다. 이것은 무엇을 의미하는 것일까요?

미키 시게오(三木成夫) 박사는 사람의 얼굴을 진화론적으로 특이하게 표현했습니다. 사람의 얼굴을 일종의 '탈항(脫肛)'이라고 한 것입니다. 어류는 머리와 몸통의 경계가 특별히 구분되어 있지 않습니다. 양서류와 파충류는 머리 부위의 구별이 가능하지만, 사람처럼 평면형 얼굴을 가진 형태는 없습니다.

미키 박사는 어류와 비교하여 사람의 얼굴은 어류의 구강 안쪽이 밖에까지 펼쳐 나온 모양이라고 주장합니다(『생명형태학 서설』 우부쓰나 쇼잉, 1992년). 그리고 그 평면상에 시각, 후각, 미각 센서가 배치되고 가장자리에는 청각 센서가 들어섰다고 주장합니다.

이 평면상의 얼굴에는 털이 없습니다. 털이 없는 이유는 데즈먼드 모리스가 말한 성적 디스플레이로서 눈에 띄기 위해서입니다. 개코원숭이의 얼굴을 보면 확실히 그럴지도 모릅니다. 그러나 인간과 더욱 가까운 고릴라, 오랑우탄, 침팬지 무리의 얼굴은 그다지 화려한 디스플레이 역할을 하지 않습니다.

인간의 얼굴에 털이 없는 이유는 네 가지 감각기관(눈, 코, 입, 귀)이 모인 장소에서 또 다른 감각인 피부 감각의 민감도를 높이기 위해서입니다. 양쪽 눈이 평면상 나란히 있으면 거리 측정과 같은 시각 정보에 도움이 됩니다. 따라서 평면적인 얼굴을 형성하게 됩니다. 그곳에 감각기관이 모여 얼굴의 중요성이 높아졌으므로 온도나 습도, 공기의 움직임, 전자파 등의 민감한 환경 요소를 알아차릴 수 있습니다.

이처럼 중요한 얼굴을 위험으로부터 보호하기 위해 털을 없앤 동시에 감각기관으로서 얼굴 피부의 성능을 더욱 향상시킨 것입니다.

더욱 예민한 감각장치를 갖추기 위해 얼굴의 각질층과 표피의 재생속도는 인체의 다른 부위보다 빠릅니다. 동양의학에서는 얼굴에 특히 많은 경혈, 즉 급소가 있습니다. 얼굴의 피부 감각정보는 온몸의 기능과 밀접한 관계에 있습니다. 결론적으로 **인간이 벌거벗은 이유는 온몸을 얼굴처럼 만들었기 때문**입니다.

털이 있는 인간의 선조가 갑자기 옷을 만들어 입지는 않았을 터입니다. 먼저 맨몸으로 생존할 수 있는 온난한 환경에서 온몸의 털을 잃었을 것입니다. 그리고 그에 대한 대가로 스킨십이라는 새로운 커뮤니케이션 수단을 얻었습니다. 이처럼 고도의 조직성을 획득한 인간은 다른 동물보다 우위를 확보합니다. 또한 환경에 민감해진 인간은 점차 생식 영역을 넓혀가다 추운 지역에서 사는 인간이 의복을 발명하고, 새로운 커뮤니케이션 수단으로 언어도 발달시킵니다.

언어야말로 인간 지성의 상징이라고 생각하는 분이 많습니다. 그러나 언어의 정의를 '적절한 음성을 이용한 동종 간의 커뮤니케이션'으로 확대하면, 오스트레일리아에 사는 작은 금화조(錦華鳥)도 언어를 학습하고 커뮤니케이션을 이용할 수 있습니다.

수컷 금화조는 아빠 새에게 구애의 노래를 배운 후, 성장하여 암컷 앞에서 노래를 부릅니다. 이때 노래를 부르는 수컷 금화조에서 쾌감을 담당하는 영역의 뇌가 활성화된다는 연구 결과가 있습니다(N. A. Hessler, 2006년).

피부 자극 커뮤니케이션은 영장류에게 있어 보편적인 의사소통입니다. 섬세한 피부의 자극을 느끼기 위해서는 손의 기능 발달을 필요로 하기 때문입니다. **넓은 뜻의 언어보다 피부 접촉을 통한 커뮤니케이션이 동물 전체의 진화 과정에서 보편적인 것**은 틀림없는 사실입니다.

시각 정보나 청각 정보도 피부 감각과의 상호작용으로 상승되는 경우가 있습니다. 미술평론가 스노우치 토오루(洲之内徹)씨는 '풍경(風景)'이라는 단어를 다음과 같이 기술했습니다.

> 나는 바람에 흔들리는 나뭇가지 끝과 아직 다 자라지 않은 새싹 위로 뚫고 나온 마른 갈대 이삭이, 환한 오월 하늘을 배경으로 일제히 나부끼는 것을 보면서 풍경이 왜 풍경인지 알았다. 자연을 살아 움직이게 하는 것은 바람이다. 뿐만 아니라 바람은 풀냄새와 꽃향기까지 날라다 준다. 수면을 일렁여 은색으로 빛냈다가, 납빛으로 잠재우는 것도 바람이지 않은가.
> ―『변덕쟁이 미술관』 신조사, 1978년

우리 선조는 바람을 맞으며 더 좋은 생활 환경을 찾아 생식 영역을 넓혀갔습니다. 도시생활에 지쳤을 때, 우리는 번화한 거리를 벗어나 자연에서 온몸에 바람을 맞으며 기운을 차립니다.

| 경계로서의 피부 |

이제 피부의 정의를 확장해 봅시다. **생명과 환경의 물리적인 경계를 피부**라고 하겠습니다. 그렇다면 짚신벌레나 아메바와 같은 원생동물에게도 피부가 있습니다. 그들의 피부는 세포막입니다.

고바타케 요노스케(小陽之助) 박사는 원생동물도 맛을 알며, 다양한 환경의 화학 인자들에 대해 좋고 싫음을 나타낸다고 주장했습니다. 그리고 그러한 인식 체계는 세포막에서 일어나는 물리 현상이라고 했습니다(『생명체 현상의 물리화학』 고단샤, 1987년). 화학물질뿐만이 아닙니다. 원생동물은 빛이나 온도에도 응답하고, 스스로 살아가는 데 더욱 쾌적한 환경을 선택합니다.

원생동물에게는 뇌가 없을 뿐만 아니라 신경계조차 없습니다. 인식과 판단은 모두 그들의 피부인 세포막에서 이루어집니다. 그들은 살려는 의지를 가지고, 환경을 선택하기 위한 판단을 합니다. 그것을 담당하는 것이 그들의 피부인 세포막인 것입니다.

원생동물의 기본적인 세포막 구조는 우리 신체를 구성하는 세포와 그다지 차이가 없습니다. 주요 구성 물질은 인지질로서, 물과 친숙한 분자들이 이중으로 나란히 줄지어 존재합니다.

고바타케 박사는 원생동물이 세포막을 이용하여 여러 가지 정보를 인식할 수 있다는 것을 보여주었습니다. 한 예로 간수와 해수의 차이가 있습니다. 이것은 녹아있는 이온, 특히 나트륨이온의 농도 차이에서 비롯됩니다. 짠맛은 나트륨이온의 농도 차이이며, 신맛 또는 pH는 수소이온의 농도 차이에서 비롯됩니다. 이들 이온 농도는 인지질의 이중막에 있는 전기 상태의 변화를 유도합니다.

알코올 종류도 막의 상태를 바꿉니다. 마취 효과는 세포막의 물성 변화라는 이론이 있습니다. 지질막만으로도 술에 취할 수 있습니다. 이러한 막의 정보인식 능력을 이용하여 현재 맥주의 상표를 식별하는 미각 센서에 응용되고 있습니다(『자기조직화란 무엇인가』 고단샤, 1999년).

세포에는 이러한 기능을 가진 막과 이온 출입을 조정하는 채널과 펌프로 가득합니다. 지성이라고 말해도 전혀 이상하지 않을 정도의 기능을 충분히 갖추고 있는 것입니다.

이제 단세포생물이 아닌 수많은 세포로 구성된 동물과 식물로 눈을 돌려봅시다. 동물은 생존에 부적절한 환경이 되면 그곳에서 도망치거나 이동할 수 있습니다. 그러나 대부분의 식물은 뿌리를 내린 장소에서 벗어나지 못합니다. 그래서 식물 중에는 멀리 떨어진 땅에서 생존할 수 있도록 종자를 바람에 싣거나 동물을 이용하여 운반시키기도 합니다. 식물의 종 단위에 대한 생존 수단은 매우 다양합니다. 식물은 동물과는 달리 세포벽이라는 단단한 조직으로 자신을 보호합니다.

움직일 수 없는 식물이 가혹한 환경에서 살아가는 예로, 아프리카 남부 사막지대에 메셈이라는 식물이 있습니다. 이것들은 일본에서 채송화의 일종으로 알려져 있습니다. 정말 꽃의 색깔과 모양이 비슷합니다. 그러나 꽃 이외의 부분은 완전히 다릅니다. 식물이라고는 생각할 수 없는 형태의 변화를 보여줍니다.

메셈에도 여러 종이 있는데, 원예종으로 인기가 있는 것은 리톱스 그룹입니다. 언뜻 보면 뿌리 외에는 줄기와 꽃의 구별이 안 됩니다. 단지 동그란 구형 물체로 보일 뿐입니다. 그 둥근 물체의 윗부분은 땅에 노출되어 있고 또 다른 한 쪽 끝에는 짧은 뿌리가 있습니다.

그들의 형태만 식물에서 벗어난 것이 아닙니다. 그들의 놀랄만한 생활 방식이 바로 탈피 현상입니다. 초여름에서 한여름에 걸쳐 구체에 주름이 생겨서 언뜻 보면 말라버린

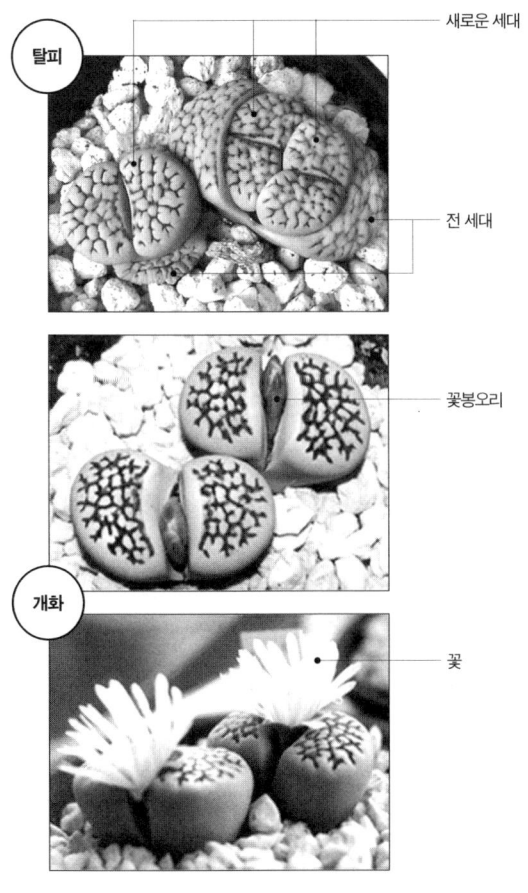

[그림 15] 리톱스의 탈피와 개화

메셈 류의 일종인 리톱스의 탈피와 개화의 모습

6장 • 피부가 바라보는 세상

것처럼 보입니다.

여름이 끝나갈 무렵 그 속에서 반질반질한 새로운 구체, 즉 다음 세대가 낡은 껍질을 깨고 밖으로 나오는 탈피 과정이 진행됩니다. 종류와 양육 방식에 따라 하나의 구체에서 두 개, 혹은 세 개의 다음 세대가 나옵니다. 가을에서 겨울에 걸쳐 자신의 몸보다 큰 국화와 비슷한 꽃을 피웁니다.

메셈은 대부분 아프리카 남부 나미브 사막에서 살아갑니다. 사막의 건조한 환경과 포식자의 눈을 피하기 위해서 둥근 돌과 같은 모양이 되었다고 상상할 수 있습니다. 가장 윗부분에 '창'이라고 하는 투명한 부분이 있는데 이 부위만 땅 위에 나와 있습니다.

한편 구체 속은 젤리와 같은 물로 채워져 있습니다. 땅 속의 구체 아래 부분에는 엽록체가 모여 있는데, 창을 통해 들어온 태양광선이 젤리 형태의 구체를 이용한 렌즈 효과로 빛을 모아서 광합성을 합니다. 그런데 사막에서는 물이 귀합니다.

새로운 세대는 전 세대의 물을 흡수하며 성장합니다. 전 세대는 서서히 시들시들해지면서 건조해집니다. 우기에 접어들면 새로운 세대는 이 시기를 놓치지 않고 단숨에 물을 흡수합니다. 그래서 낡은 세대의 껍질을 부수고 성장하면서

부풀어 올라 땅 위로 얼굴을 드러내는 것입니다.

스스로 움직이지 못하는 식물은 가혹한 환경에서 살아남기 위해 자신의 형태를 어느 때는 의태나 방어로, 또는 렌즈나 집광기로 사용합니다. 동물과 식물에는 다양한 피부가 있지만, 메셈은 가장 다양한 형태를 보여주는 피부 사례 중 하나입니다.

그들에게는 뇌나 그에 상당하는 정보처리 중추는 없으며, 단지 피부가 느끼고 판단하여 모양을 바꾸는 것입니다.

어느 정도 복잡한 구조를 가진 동물만이 온몸을 통제하는 신경 시스템과 뇌를 가지고 있습니다. 그러나 넓은 의미에서 **피부가 없는 다세포생물은 없습니다.** 바이러스조차 껍질을 가지고 있습니다. 이런 점에서 생물에게 가장 중요한 기관은 피부라 해도 과언이 아닙니다.

| 비인과율의 세계를 나타내는 피부 |

생명체에서 '내부와 외부'를 명확히 나누어 생각할 것을 처음 주장한 사람은 19세기의 클로드 베르나르입니다. 그는 외부 환경에 대응하여 '체내 환경'이라는 개념을 세웠습니다.

초보적인 해부학 지식을 아는 사람이라면 당연하다고 생

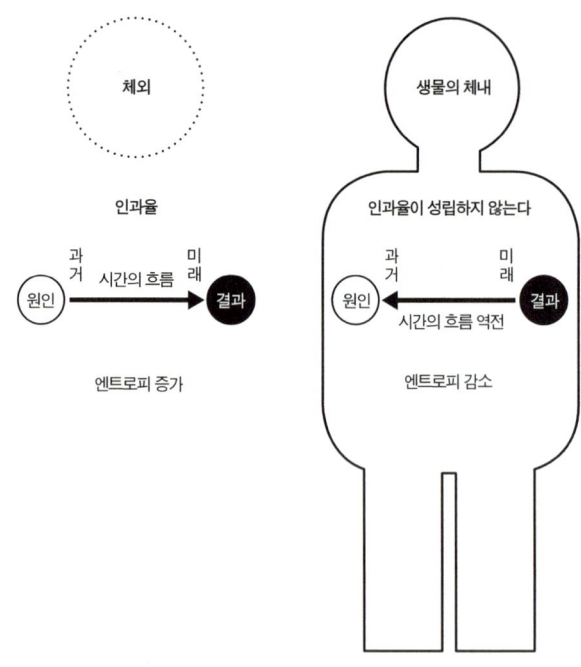

[그림 16] 와타나베 사토시의 생명론

열역학 제2법칙에 의하면 시간의 흐름은 과거에서 미래로 진행된다. 하지만 생명체 내부에서는 자기조직화에 의해 시간의 흐름이 존재하지 않거나 무질서에서 질서가 형성되기도 한다.

각할지도 모릅니다. 그러나 이 개념에는 생명의 본질에 다가서는 더욱 깊은 의미가 담겨 있습니다. 특히 생명체를 유지하기 위해 외부 환경의 중요성을 지적했다는 점에서 과학에 크게 공헌하였습니다.

인과율이라는 것이 있습니다. 다시 말해 모든 것에는 원인이 있기 때문에 결과가 있습니다. 바꿔 말하면 과거의 사건이 미래를 결정한다는 것이지요. 이것은 그리스 철학, 인도 철학에서 시작되어 르네상스 이후 서구과학의 기초이자 현대과학의 근본으로 자리잡고 있습니다.

그런데 일본 생물물리학의 선구자라고 할 수 있는 와타나베 사토시(渡?慧) 박사가 무시무시한 발언을 합니다. 양자역학을 수립하는데 크게 공헌한 물리학자 슈뢰딩거에 의하면, 생명은 외부 환경으로부터 음의 엔트로피를 거두어들이고 양의 엔트로피를 방출하여 내부 환경의 질서를 유지하는 시스템이라고 합니다.

와타나베 박사는 이러한 생명의 내부 환경에서는 역인과율 현상, 즉 미래가 과거를 결정한다는 원리도 가능하다는 주장을 한 것입니다(『물질의 과학, 생명의 과학』 와타나베 사토시, 시미즈 히로시, 나카야마서점, 1984년).

과거에서 미래로 시간의 인과율을 분명하게 보여주는 것

은 열역학 제2법칙, 즉 엔트로피 법칙입니다. 물에 떨어뜨린 잉크가 확산되는 일은 있어도 한번 확산된 잉크가 저절로 다시 집합하여 한 방울의 잉크로 되돌아가는 일은 없습니다. 이러한 현상을 외부에서 관찰하는 것에 익숙해진 우리는 그것이 모든 사물의 이치라고 착각하고 있습니다. 그렇습니다. 그것은 착각에 지나지 않습니다.

시간이 과거에서 현재로, 그리고 미래로 흘러가는 것은 닫힌계에서만 볼 수 있는 현상입니다. 생명은 닫힌계가 아닙니다. 그러므로 시간의 흐름은 존재하지 않거나, 혹은 우리가 알고 있는 상식과는 다른 방향일 수도 있습니다.

프리고진은 열린계의 열역학에서 슈뢰딩거의 예측을 수학적으로 증명했습니다. 에너지와 정보의 출입이 자유로운 시스템에서는 '자기조직화'가 일어납니다. 이를테면 무질서에서 질서가 나타납니다. 여기에서 인과율이 성립되지 않는 것입니다. 생명체의 내부 환경에서는 원인이 결과를 가져오는, 혹은 과거가 미래를 결정하는 상식이 통용되지 않을 수도 있습니다.

따라서 생명현상을 과학적으로 해명할 때 인과율적인 접근 방법은 현대과학 전부를 포괄하는 방법론이지만, 의심할 여지가 있다는 것입니다. 불교나 그리스 철학도 모두 인과율에 기초를 두고 있습니다.

인과율에 반기를 드는 것은 비상식적인 일이 분명합니다. 그럼에도 불구하고 클로드 베르나르나 일리야 프리고진은 수천 년 동안 유지되고 있는 인간의 인식에 물음표를 던집니다.

피부 연구로 되돌아갑시다. 배양접시에 표피 세포인 케라티노사이트를 놓고 배양하면 얼마 후 배양접시에는 세포로 뒤덮입니다. 일부에 자극을 주면 칼슘이온의 파도가 세포 집단에 발생합니다. 마치 큰 전광판 위에 나타나는 일정한 패턴과 같습니다.

전광판의 전구나 LED는 그것을 제어하는 외부 시스템의 컨트롤에 따라 정해진 패턴으로 나타납니다. 전구를 몇 백 개 늘어놓고 전원을 넣으면 갑자기 형태가 나타나고 전구가 주기적으로 켜졌다 꺼졌다 하며, 그 모양이 변하기도 합니다.

외부 시스템의 컨트롤 없이 그러한 현상이 저절로 일어난다면 그야말로 신비하다고밖에 달리 표현할 길이 없습니다. 그런데 실험실의 배양접시에는 표피 세포밖에 없습니다. 그 어떤 외부 시스템 하나 없이 케라티노사이트 세포에서는 그러한 불가사의한 일이 쉽게 일어나고 있습니다.

표피 형성은 자율적으로 일어난다고 하지만, 사실은 벽돌이 스스로 모양을 바꿔가며 질서정연하게 늘어서서 벽돌담을 만드는 신기한 현상입니다. 구조가 단순한 표피조차 이렇게 비인과율적인 현상을 보여주고 있습니다. 생명체 중에서도 유난히 복잡한 구조를 가진 동물인 인간의 정신에는 다양한 모습으로 시간의 화살에 역행하는 현상이 숨어있을 수 있습니다.

피부는 생명체 내부에서 비인과율적인 세계를 유지하고 발전시키는 경계이자, 과거에서 미래로 흐르는 시간의 흐름과는 달리 미래에서 과거로 진행되는 세계를 보호하는 시스템입니다.

마투라나와 바렐라는 스스로를 끊임없이 창조하는 생명 시스템인 '오토포이에시스 Autopoiesis' 개념을 정의했습니다. 이것은 본래 지각 시스템의 고찰에서 만들어진 개념입니다. 그런데 유감스럽게도 생명과학 영역에서 언급되는 일은 적고, 웬일인지 사회과학 분야에서 화제가 되어버렸습니다.

첫 번째 이유는 이 개념이 현대생물학의 주류인 세포분자생물학과 동떨어진 지각이라는 현상을 다루고 있기 때문입니다. 또 한 가지 이유는 생명을 일종의 자기완결형 닫힌계로 취급하기 때문입니다.

사고방식의 근본은 분명히 생명의 본질에서 비롯되어 있습니다. 그러나 이 개념을 생명과학의 영역에서 전개할 때 지각만을 대상으로 하면 전체를 파악하지 못하게 됩니다. 지각 자체를 파악하는 관점이 다르기 때문입니다.

오토포이에시스에 의한 '자기완결형 자기창출 시스템'은 열린계가 아니면 의미가 없습니다. 열린계에서는 어느 정도 환경이 변화해도 같은 형태를 계속해서 만들어내지만, 환경의 변화가 극단적일 때 시스템을 근본적으로 변화시켜 때로는 완전히 다른 자기창출 시스템을 낳는 유기체가 만들어질 수 있습니다.

진화는 마치 어떤 목적이 있어서 그것을 향해 급격한 변화가 일어난 것처럼 보이는 경우가 많습니다. 이것은 다윈의 진화론을 비판할 때 주장하는 근거로 내세워집니다. 도마뱀이나 쥐가 새가 되고 박쥐가 되어 하늘을 날아다니는 것처럼 급격한 변화가 일어난 것으로 생각하기 쉽습니다. 하지만 이마니시 긴지(今西錦司) 박사는 이러한 변화가 종 전체에서 일어난다고 말합니다. 변화 과정에서 일어나는 다윈의 자연도태 이론은 무의미하다는 뜻입니다.

그런가 하면 라마르크의 용불용설이나 파울 카메러의 획득형질 유전은 배제되어 있습니다. 그렇다면 진화는 왜, 어떤 목적을 위해 급격하게 일어난 것처럼 보이는 것일까요.

와타나베 박사에 의하면, 생명이 비인과율적인 존재라면 미래가 현재를 결정하는 사건이 일어날 수 있다고 합니다. 극적인 환경 변화와 종의 위기에 직면한 자기창출 시스템은 새로운 환경에서 존재 가능한 시스템을 적극적으로 선택하여 새로운 변화를 만들 수 있지 않을까요.

이 세상에는 안정된 상태와 불안정한 상태가 있습니다. 높은 담 위의 돌이 곧 떨어질 듯하면 불안정한 상태입니다. 지면 위에 떨어진 돌은 그 자체로 안정된 상태입니다. 담 중간 부분에 차양이 있어서 떨어지던 돌이 잠시 그곳에 걸려서 멈춘다면 준안정 상태입니다.

비선형 과학의 세계에서 시스템은 몇 개의 준안정 상태를 전전하며 떠돌아다닙니다. 예를 들어 화석을 조사해도 진화의 도중, 즉 중간적인 화석은 잘 발견되지 않습니다.

캐나다에 버제스 셰일이라는 5억년도 더 된 지층이 있습니다. 그곳에서 복잡한 구조를 가진 다양한 생물의 화석이 발견되었습니다. 그러나 그러한 생물의 선조에 해당하는 화석은 현재 거의 발견되지 않습니다. 마치 갑작스럽게 여러 종의 생물이 출현한 것처럼 보입니다(『생명, 그 경이로움에 대하여』 스티븐 J. 굴드, 2004년).

각각의 준안정 상태에서는 그에 따른 자기조직화 시스템이 존재합니다. 열린계의 생명에는 다양한 시스템으로 이행할 능력이 잠재되어 있습니다. 화학 반응과 다세포생물의 시스템을 결부시키려면 더욱 새로운 수학모델이 필요할 것으로 생각됩니다.

신이나 영혼의 존재를 믿지 않는다면 생명과 물질 사이에 근본적인 차이는 없습니다. 화학 반응에서는 원자와 분자의 상호작용이, 다세포생물에서는 세포와 세포의 상호작용이 거시적 현상을 창출합니다. 리마 드 패리어가 열거한 무기물질 패턴과 생체 패턴의 유사점이 그 증거입니다(『선택없는 진화』, 1993년).

여러 가지 광물의 결정 구조와 동식물의 성장 구조가 아주 비슷합니다. 생각해보면 분자 집합체와 세포 집합체에도 외부 환경에 따라서 준안정적인 상태가 있습니다. 생물의 진화란 종(種)이 이런 준안정 상태를 떠돌며 전전해온 역사입니다.

한 예로 병행 진화를 들 수 있습니다. 중생대 육서동물인 도마뱀이 수중 생활로 이행한 익티오사우루스와 신생대 육서 포유류가 수중 생활로 이행한 돌고래는 어느 한쪽 방향으로만 진화가 일어나지 않는다는 점을 보여주고 있습니다.

이것은 수중 생활 환경이라는 인자가 돌고래 형태라는 준안정 상태를 결정짓기 때문입니다.

모노가 주장한 무작위한 변화에 선택의 압력이 가해지는 것만으로 골격이나 대사가 다른 파충류와 포유류가 외양이 비슷해지는 것은 도저히 있을 수 없습니다.

지금까지 보아 왔듯이, 우리 인간의 형태상의 마지막 진화는 털을 없앤 것입니다. 환경과 직접 대치하게 된 피부는 앞으로도 계속해서 인간의 운명을 좌우할 것입니다. 그러나 언어와 시각정보의 발달로 피부 감각은 암묵지의 세계에 은둔하며 모습을 감추고 있습니다. 때문에 사람들은 피부의 중요성을 잘 알지 못합니다. 피부로부터 새로운 생명과학을 연구하고 우리의 미래를 재인식할 계기가 되었으면 합니다.

| 피 부 가 바 라 보 는 세 상 |

인간은 많은 세포로 이루어져 있습니다. 세포가 조직을 만들고 조직이 신체를 형성합니다. 인간에게 생로병사가 있듯이 피부 세포에도 태어나서 늙고 죽는 운명이 있습니다. 세포가 되어 바라보는 세상은 어떠할까요.

우선 감각에 종사하는 세포들을 보겠습니다. 눈의 망막을 구성하는 시각세포에는 각각 붉은색, 초록색, 파란색을 느끼는 세 가지 종류가 있습니다. 하나의 세포는 한 가지 색밖에 느끼지 못합니다. 그 세포가 빛을 감지하면 세포막의 전기 상태가 변합니다.

세포막에서 발생한 전기 신호가 시신경을 통해 뇌로 전달되면 색을 인식하게 됩니다. 즉 시세포는 그에 해당하는 색을 느껴서 전기 신호로 바꾸는 것입니다. 청각에 종사하는 세포에는 털이 나 있습니다. 소리의 진동이 털을 쓰러뜨리면 진동의 크기에 따라 전기 신호로 바뀝니다.

미각과 후각처럼 최전선에 있는 세포도 맛이나 냄새 분자가 들러붙으면 최종적으로 전기 신호로 바꿉니다. 정리해보면 각각의 세포는 빛, 압력, 분자 중 어떤 자극을 받으면 그 자극의 크기에 해당하는 전기 신호로 변환합니다.

그러나 표피 세포인 케라티노사이트는 다릅니다. 압력, 온도, 습도, 분자, 그리고 빛을 느낄 수가 있습니다. 그리고 입력에 따른 출력의 형태도 전기 신호를 비롯해 다양한 정보전달물질을 만들어서 방출합니다. 케라티노사이트는 이처럼 감수성이 풍부하고 표현방법도 다채로운 것입니다.

다음으로 신경세포의 세계를 보겠습니다. 신경세포에는 흥분과 억제의 두 가지 상태가 있습니다. 이러한 상태를 만드는 것은 전기 신호와 여러 가지 정보전달물질입니다. 즉 신경세포는 전기와 정보전달물질에 의해 흥분과 억제를 반복하며 살고 있습니다.

케라티노사이트는 신경세포와 비슷해서 흥분과 억제를 하고 전기 신호나 정보전달물질에 의해 상태가 변합니다. 신경세포와 다른 점은 다양한 환경의 변화를 느낄 수 있다는 것입니다. 신경세포는 오로지 다른 세포로부터 오는 신호를 기다릴 뿐 직접적인 환경의 변화를 느낄 수는 없습니다.

세포가 모여 조직이 되면 다시 새로운 세상이 펼쳐집니다. **케라티노사이트가 모여서 표피라는 조직이 형성되면 정보처리 시스템이 됩니다.** 이웃 세포와 커뮤니케이션을 하며 외부로부터의 자극에 진동을 발생시킵니다.

그 자체로 다양한 환경의 변화를 받아들이고 중추신경계와 같은 정보처리기능을 하는 케라티노사이트를 인간의 신체를 보호하는 하나의 장기로서 생각해봅시다.

케라티노사이트는 외부 환경의 변화를 느끼면 그것을 정보로 변환하여 신경계나 순환기계, 내분비계 시스템에 제공합니다. 또한 신경계나 내분비계로부터 정보를 받기도 합니다. 기능을 유지하기 위해 끊임없이 시스템을 갱신하고 환경의 변화에 적응합니다. 이처럼 **다양한 기능과 역할을 하기**

위하여 항상 새로운 세포로 교체해야 합니다.

육스퀼이라는 생물학자에 의하면 생물은 저마다 독특한 세계를 가지고 있다고 합니다. 짚신벌레의 세계에는 그들의 먹이가 되는 미생물과 생명 유지에 필요한 물, 그리고 pH의 변화밖에 없습니다. 흡혈성인 진드기에게는 피를 빠는 대상인 동물의 물질과 외부 환경의 온도가 그들의 눈에 '보이는' 세계이고, 피를 빠는 것으로 그들을 '표현하는' 세계입니다.

이러한 사고방식으로 현대의 인간 사회를 생각해봅시다. 오늘날 우리는 인터넷을 통하여 세상과 연결되고 시각과 청각 같은 감각을 통하여 광대한 세상을 바라보고 인식하고 있습니다. 하지만 피부 감각은 인간의 신체 표면에 머물러 있습니다. 어느 쪽이 우리가 인식하는 세상일까요.

오모리 쇼조라는 철학자가 있었습니다. 우리가 보는 세상이 실재하는지 아닌지에 대해 여러 가지 질문을 던진 사람입니다. 특히 시각이 보여주는 애매한 세상을 다양하게 검증했습니다. 흥미로운 것은 시각을 잃어버린 오모리가 촉각에 대해 한 치의 주저 없이 확신하고 있었다는 점입니다.

그는 보이지만 존재하지 않는 예로 유령을 들고 있습니다. 유령은 보이기는 하지만 만질 수는 없습니다. 만질 수 없는 것은 존재하지 않습니다. 그러므로 시각은 믿을 수 없습니다(『흐름과 웅덩이』 산업도서, 1981년).

하지만 촉각도 믿을 수가 없는 것이 앞에서 소개한 나카타니 마사시(仲谷正史)의 작품을 만지면 없는 것이 있는 것처럼 느껴지기 때문입니다. 가상 공간의 현실이 아무리 진보해도 우리는 피부가 느끼는 세상에서 빠져 나올 수 없습니다.

야마시타 유미(山下柚實)는 『오감재생』(이와나미서점, 1999년)이라는 저서를 통해 유아기에서 소년기에 걸친 피부 접촉(스킨쉽)의 결여가 현대 젊은이들의 마음에 그림자를 드리웠다고 지적합니다.

1990년대 일본에서 피어싱은 여자의 귀걸이가 전부였습니다. 같은 시기 미국의 샌프란시스코에서는 아저씨가 귀와 코에 피어싱을 하는 것은 흔한 일이었습니다. 그런데 3년 후 귀국해보니 일본에서도 피어싱이 흘러넘치고 있었습니다. 또한 타투, 임플란트처럼 아주 아픈 문신까지 차례차례 유행하기 시작했습니다.

야마시타는 현대의 젊은이들이 유소년기에 피부 접촉 기회가 적어서 자기 몸과 세상의 경계인 피부 인식이 애매하다고 합니다. 때문에 피부에 무리하게 아픔이나 장애를 주어 경계로서의 피부를 재인식하는 것이라고 주장합니다.

또 한 가지 인상적인 에피소드가 올리버 색스 박사의 『화성의 인류학자』에 소개되어 있습니다. 대학 조교수인 어느 자폐증 여성이 있었습니다. 그 여자는 대인 감각이 보통 사람과 달라서 스트레스를 느끼면 그녀를 안아주는 신기한 기계장치를 사용합니다. 과학기술의 발달로 시각과 청각의 세계가 무한히 넓어져도 우리는 피부가 느끼는 세상에서 도망칠 수 없습니다.

우리는 보통 자신의 행동과 감각을 이해하고 있다고 생각합니다. 이에 대한 최초의 반론이 프로이트의 무의식 이론입니다. 그 후 암묵지처럼 적어도 심리학적으로는 우리가 의식하지 못하는 마음의 영역에 대한 존재를 의심하는 사람은 없습니다. 그러나 현실에서는 이 사실을 자주 잊어버립니다.

우리의 의식과 행동에 무의식과 암묵지가 영향을 끼치는 경우는 생각 외로 많습니다. 문화인류학에 관한 에드워드 홀의 『숨겨진 차원』에서 보여준 칼혼(J. Calhoun)의 유명한 실험은 현재 우리가 안고 있는 여러 가지 문제의 본질을 시사하고 있습니다.

칼혼은 스트레스를 연구하기 위하여 시궁쥐들을 집단으로 사육하여 여러 세대에 걸쳐 행동을 관찰했습니다. 그 결과 수컷의 동성애, 사디즘, 집요한 성적 행동, 혹은 반대로 성적 무관심 같은 성행동에 이상이 나타났습니다. 이어서 암컷의 보육 행동에 이상이 나타나고 암 발생률이 높아졌습니다. 게다가 야생에서 존재하는 쥐들만의 독자적인 사회성도 무질서해졌습니다.

쥐는 시각이 약하여 후각과 촉각에 많이 의존하는데, 눈에 보이지 않는 이상 징후들이 쥐 사회에 커다란 영향을 초래한 것입니다.

주로 시각과 청각에 의존하는 인간 사회에서도 피부 감각은 암묵지로서 커다란 의미를 지닙니다. **눈에 보이는 세상에서는 설명하기 어려운 것도 피부로 생각하면 이해할 수 있습니다.** 지금 우리에게는 피부가 바라보는 세상으로 생각하고, 피부가 말하는 것에 귀를 기울이는 것이 필요합니다.

글쓴이 덴다 미쓰히로(傳田光洋)

1960년 효고현 고베시에서 출생했으며 교토대학 공학부 공업화학과를 졸업하고 같은 대학원에서 분자공학으로 석사 학위를 취득했다. 1994년에 교토대학에서 공학박사 학위를 취득하고 미국 샌프란시스코 캘리포니아대학 연구원을 거쳐 2002년부터 시세이도 라이프사이언스 연구센터 주임연구원으로 근무하고 있다. 저서에는 『피부는 생각한다』(이와나미 서점)가 있다.

옮긴이 장연숙

서울에서 태어났으며, 명지대학교 일본어과를 졸업했다. 일본 유학 후 번역으로 자신과 타인을 구제하리라는 뻔뻔인지, 순수인지, 답답인지 모를 생각을 도통 버리지 못해서 일본어 전문 번역가가 되었다. 번역한 책으로는 『과학스케치』, 『재미있는 100가지 화학이야기』, 『유쾌한 우울증 생활』 등이 있다.